지구 온난화 어떻게 해결할까

1판 6쇄 발행 2023년 12월 5일

글쓴이	이충환
펴낸이	이경민

펴낸곳	㈜동아엠앤비
출판등록	2014년 3월 28일(제25100-2014-000025호)
주소	(03972) 서울특별시 마포구 월드컵북로22길 21, 2층
전화	(편집) 02-392-6901 (마케팅) 02-392-6900
팩스	02-392-6902
홈페이지	www.dongamnb.com
전자우편	damnb0401@naver.com
SNS	🅕 📷 💬

ISBN 979-11-6363-014-2 (44400)
　　 979-11-88704-04-0 (세트)

10대가 꼭 읽어야 할
사회·과학교양 ③

지구 온난화
어떻게 해결할까

이충환 지음

**기후가 보내는 경고,
지구 온난화의 모든것**

동아엠앤비

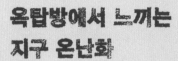

옥탑방에서 느끼는
지구 온난화

2018년 여름 폭염 기간 중, 서재를 나름대로 운치가 있는 옥탑방에 마련한 덕분에 몇 가지 낯선 경험을 했다. 그중에서 찬물 수도꼭지를 틀더라도 샤워기에서 더운물이 나올 수 있다는 사실과, 열대야가 여러 날 지속되면 옥탑방에서 선풍기를 아무리 세게 돌리더라도 밤에 잠들기 힘들다는 사실을 몸소 깨달았다. 어쩔 수 없이 에어컨이 켜져 있는 아래층으로 내려온 뒤에야 잠을 청할 수 있었고 『지구 온난화, 어떻게 해결할까?』란 이 책의 집필도 끝맺을 수 있었다.

사실 이 책은 2016년 여름에 한 번 원고를 작성한 뒤, 출판사 사정상 2018년 여름에 마무리해야 했다. 그러면서 그동안 새롭게

바뀐 기상 기록과 재해를 조사해 집어넣고 일부분 글을 재정리하는 과정이 필요했다. 자연스럽게 2016년과 2018년의 여름을 비교하는 내용도 작성했다. 공교롭게도 두 해 여름 모두 찜통더위에 시달리는 일반 서민이 에어컨을 오랜 시간 틀다가 전기요금 폭탄을 맞을 수 있어, 가정용 전기요금의 누진세가 여론의 도마 위에 올랐다.

2016년 여름도 에어컨 없이 살기 힘들 정도로 더웠는데, 2018년 여름은 2년 전보다 견디기 더 힘들 정도로 더웠다. 2018년 여름에는 전국적으로 폭염 탓에 각종 기록이 경신됐다. 서울만해도 낮 최고 기온 신기록을 달성한 것은 물론이고 열대야가 26일간 이어졌으며 급기야 밤 기온이 30℃ 밑으로 떨어지지 않는 초열대야도 이틀 연속으로 나타났다.

기상 전문가들의 분석을 살펴보면, 전 세계적으로는 2016년이 기상 관측 사상 가장 더운 해였으며, 2018년도 더운 해 중에서 다섯 손가락 안에 들었다. 세계기상기구WMO는 '2015~2019년 전 지구 기후보고서'에서 최근 5년(2015~2019년)이 기상 관측 사상 가장 더운 5년으로 기록될 것이라는 전망을 내놓기도 했다(2019년 9월 22일 발표). 2023년 9월 현재 미국 국립해양대기청NOAA의 분석에 따르면, 관측 역사상 가장 더운 상위 10개 연도는 모두 2010년 이후에 나타났다.

이런 최근 추세는 지구가 과거에 비해 점점 뜨거워지는 것이

부인할 수 없는 사실임을 확인할 수 있는 증거 중 하나인 셈이다. 지구 온난화가 중국의 음모라고 서슴지 않게 주장하는 트럼프 대통령의 말이 허언임을 드러내는 것이기도 하다(안타깝게도 그는 지구 온난화의 실체를 인정하지 않으며 미국의 파리기후협정 탈퇴를 선언했다).

이제 누구나 지구 온난화의 실체를 마주 대하고 그 진실을 올바로 이해할 필요가 있다. 지구의 기후가 왜 변하고 지구 온난화의 주범은 무엇인지를 알아야 하고, 지구 온난화로 인한 피해, 지구 온난화가 미래에 미칠 영향도 살펴보는 한편, 지구 온난화를 막기 위해 개인 차원에서, 국가 차원에서, 전 세계 차원에서 어떻게 해야 할지도 따져 봐야 한다.

지금까지 밝혀진 바에 따르면, 지구 온난화는 산업 혁명 이후 인류가 뿜어낸 온실가스로 인해 발생한 것이고, 지구 온난화가 심해지면서 폭염, 가뭄, 홍수 등 기상 재난이 빈발하며 해수면 상승, 지역적 기후 변화, 농작물 및 생물종 변화, 기후 난민 발생, 질병 증가 등이 나타나고 있다. 이에 전 세계 국가들이 온실가스를 감축하는 데 힘을 모으지 않는다면, 지구와 인류는 무척 암울한 미래를 맞닥뜨리게 될 것이다. 더 암울한 사실은 지금 당장 온실가스 배출을 멈춘다고 해도 현재 대기 중에 퍼져 있는 온실가스 때문에 기후 변화가 수백 년간 지속될 것이라는 전문가의 견해다.

그럼에도 불구하고 많은 국가들이 지구 온난화를 막기 위해 온실가스의 배출을 규제하고자 유엔기후변화협약을 체결했고, 2015년에는 교토의정서를 대체하는 파리기후협정에 합의했다. 2020년 이후 적용되는 파리기후협정은 산업화 이전 수준에 비해 지구 평균 온도의 상승 폭을 2℃보다 상당히 낮게 유지하도록 온실가스 배출량을 단계적으로 감축하는 것이 목표다. 협정에 참여한 195개국 모두가 감축 목표를 지켜야 한다.

온실가스를 배출하는 화석 연료 대신 신재생에너지를 사용하려고 노력하는가 하면, 온실가스 배출을 규제하는 움직임도 나타난다. 이산화탄소 같은 온실가스를 포집해 땅속에 저장하거나 이를 활용해 유용 물질을 만들려는 과학자들도 있다. 개인 차원에서는 일상에서 만들어내는 이산화탄소의 양인 탄소발자국을 잘 관리하며 모든 자원을 절약하는 것이 중요하겠다. 그러다 보면, 영화 '인터스텔라'의 명대사처럼 "우리는 답을 찾을 것이다, 늘 그랬듯이."

2023년 가을
서울 강북의 어느 옥탑방에서

작가의 말

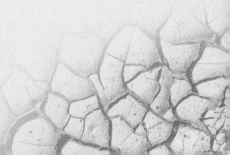

매년 여름이 되면 찜통더위에 시달리는 일이 언제부턴가 일상이 됐다. 많은 전문가들은 인간이 화석 연료를 사용하면서 배출한 이산화탄소 때문에 지구 온난화가 가속화되고 있다고 입을 모은다. 오래전 지구를 꽁꽁 얼린 빙하기가 있었다는 증거도 발견된 바 있다. 도대체 기후는 왜 변하는 걸까?

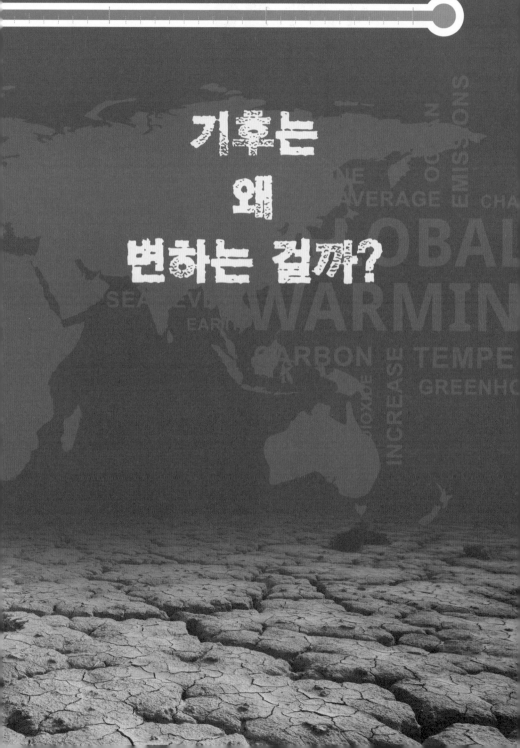

지구가 점점 뜨거워진다

"에어컨은 가족입니다."

누군가 소셜네트워크서비스[SNS]에 올린 말처럼 이제 한여름 찜통더위는 에어컨 없이 견디기 힘든 수준이 됐다. 그런데도 '전기세 폭탄' 걱정 때문에 에어컨을 마음대로 못 튼다고 불만이 많다. 엄청난 폭염 때문에 정부는 1974년에 도입된 전기요금 누진제를 2016년에 개편했다. 사용량에 따라 누진 단계를 6단계에서 3단계로, 누진율을 11.7배에서 3배로 축소했던 것이다. 이어 2018년에는 기록적인 폭염 때문에 7월, 8월 전기요금의 3단계 누진제를 완화했다. 누진 구간의 상한을 100kWh씩 늘려 전기요금을 줄여주었다.

최악의 초열대야!

근본적인 문제는 전기요금 누진제라기보다 여름에 한 달 가까이 지속된 폭염이었다. 서울의 경우 2016년 6월 1일부터 8월 31일까지 일 최고 기온이 33℃ 이상의 날(폭염 일수)이 24일을 기록했다. 2018년에는 같

지구 온난화, 어떻게 해결할까?

은 기간 서울의 폭염 일수가 무려 35일이나 될 정도로 폭염이 맹위를 떨쳤다. 이는 최악의 폭염이 찾아왔던 1994년(서울의 폭염 일수 29일)을 능가하는 기록이다. 1973년 이후 45개 기상청 관측 지점의 전국 평균을 따져도 폭염 일수(6월 1일~8월 31일)는 2018년 31.4일로 1994년 29.7일을 넘어서 1위를 기록했다.

　　기상청에서는 일 최고 기온이 33℃ 이상이면 폭염이 나타났다고 말하고, 폭염이 이틀 이상 지속될 것으로 예상될 때 폭염 특보를 발령한다. 구체적으로는 낮 최고 기온이 이틀 이상 33℃를 웃돌 것으로 예상될 때 폭염 주의보를, 최고 기온이 35℃ 이상인 상태가 이틀 이상 지속될 것으로 예상될 때 폭염 경보를 발령한다.

〈 여름철(6월 1일~8월 31일) 전국 폭염 일수와 열대야 일수 순위 현황 〉

순위	전국			
	폭염 일수(평년 9.8일)		열대야 일수(평년 5.1일)	
1위	2018년	31.4일	2018년	17.7일
2위	1994년	29.7일	1994년	17.4일
3위	2016년	22.4일	2013년	15.8일
4위	2013년	18.2일	2010년	12.0일
5위	1990년	17.0일	2017년	10.8일

출처: 기상청(2019)

　　폭염 기간 중에는 낮 최고 기온 못지않게 밤 기온이 관건이다. 최저 기온이 25℃ 이상을 기록하는 밤, 즉 열대야가 지속되면 밤잠을 제대로 자지 못하기 때문이다. 잠을 자도 에어컨이 없으면 속옷이 땀으로 흥건

해지는 것은 물론이고 아침에 일어나도 개운하지 않다. 서울의 열대야 일수는 2016년 여름에 32일을 기록했고, 2018년 여름에는 29일을 기록했다. 하지만 이 두 기록은 1994년 여름 서울의 열대야 일수 36일에 비하면 짧은 기록이다. 그런데 2018년 서울에는 7월 21일부터 8월 15일까지 무려 26일간 열대야가 지속돼 '불면의 밤'이 이어졌다. 여름철 전국 평균 열대야 일수를 따지면 2018년 17.7일로 1994년 17.4일을 제치고 1위를 기록했다.

놀랍게도 폭염 특보가 이어지는 가운데, 밤 최저 기온이 여름 낮 최고 기온을 방불케 하기도 했다. 2016년 8월 13일 부산은 최저 기온이 28.2℃를 기록해 1904년 기상 관측을 시작한 이래 가장 높은 기온을 나타냈다. 2018년에는 최저 기온이 30℃ 이상인 '초열대야'가 찾아오기도 했다. 서울은 8월 1일과 2일 이틀 연속으로 최저 기온이 30℃ 밑으로 떨어지지 않아 1907년 기상 관측이 시작된 이래 초유의 사태가 벌어졌다. 특히 8월 2일 서울은 최저 기온이 30.3℃를 기록했고, 8월 8일 강릉은 최저 기온이 30.9℃를 기록했다. 이런 초열대야에는 에어컨 없이는 너무 더워서 잠을 잘 수가 없어 자다 깨다를 반복하기 일쑤다.

⁞ 관측 역사상 가장 더운 해는?

기상청은 여름철에만 제공하던 폭염 특보 서비스를 2015년부터

1년 내내 제공하기 시작했다. 5월에도 폭염 특보를 발령해야 할 상황이 발생하기 때문이다. 실제로 2015년에는 전 세계적으로 폭염이 극심했다. 2015년 5월 인도에서는 낮 기온이 48℃에 달하는 폭염으로 2000여 명이 목숨을 잃었으며, 그해 7월 이란에서는 최고 기온이 48.9℃까지 솟구치고 체감 온도가 80℃를 넘나드는 기록적인 폭염이 이어졌다. 오스트리아는 2015년 7월이 250년 중에 가장 더운 7월로 기록됐고, 프랑스와 스페인 일부 지방에서도 40℃가 넘는 찜통더위가 지속됐다.

사실 2015년은, 미국기상학회^AMS가 2018년 8월 초에 발표한 '제28차 연례 기후 변화 보고서'에 따르면, 기상 관측 역사상 두 번째로 더웠던 해로 분석됐다. 그러면 1880년 인류가 근대적 기상 관측 기록을 남기기 시작한 이래 가장 더웠던 해는 언제일까. 바로 그다음 해인 2016년이었다.

미국 국립해양대기청^NOAA은 2016년 바다와 육지를 포함한 전 세계의 평균 기온이 14.84℃로 최고치를 기록했으며 20세기 평균 기온인 13.9℃보다 0.94℃ 높았다고 발표했다. NOAA의 조사 결과에 따르면, 지구 기온이 20세기 평균치보다 높은 해가 1977년부터 이어지고 있다. 2016년 고온 현상은 남아메리카 동남부, 태평양과 대서양의 일부를 빼면 전 세계에서 관측됐다. 한국도 예외가 아니었다. 기상청은 2016년 우리나라 평균 기온이 13.6℃로 전국적 기상 관측이 시작된 1973년 이래 최고치를 기록했다고 밝혔다.

기후는 왜 변하는 걸까?

2016년 5월 중순에 이미 우리나라 낮 기온은 한여름 날씨를 방불케 했다. 전 세계적으로도 그해 4월이 기상 관측 이래 가장 온도가 높은 달로 기록됐다. 2016년 여름은 우리나라를 포함한 세계 각국이 폭염으로 몸살을 앓았다. 특히 7월과 8월이 세계 기상 관측 역사상 가장 무더운 달로 분석됐다. 2016년 7월과 8월의 지구 평균 온도는 1951~1980년 7월 평균 기온보다 0.84℃ 높았고 1951~1980년의 8월 평균보다 0.98℃ 높았다. 이는 1880년 이후 모든 달을 통틀어 가장 높은 기록이며, 이전까지 가장 더운 달이었던 2011년 7월과 2015년 7월의 기온보다도 0.11℃ 높았다. 특히 7월 말 쿠웨이트 북서부 미트리바와 이라크 국경 너머 바스라에서는 수은주가 53.9℃까지 치솟았다. 중동 지역의 7월 기온이 보통 38~45℃ 수준임을 감안하면, 이는 이례적으로 높은 온도였던 것이다. 당시 중국도 낮 기온이 40℃가 넘는 고온 현상을 겪었다.

⁝ 지구 온난화 점점 심해진다

지구는 지난 100년간 매우 빠르게 더워지고 있다. 1만 년 동안 지구의 온도가 1℃ 이상 변화한 경우가 없었던 것에 비하면, 지구는 지난 100년간 평균 기온이 0.74℃나 상승하는 큰 변화에 직면하고 있다. 지구 기온이 상승하는 현상인 온난화는 이제 엄연한 사실로 드러나고 있다.

최근 들어 지구 온난화 추세는 더욱 강해지고 있다. 1997년 이후

지구 온난화, 어떻게 해결할까?

연간 10일, 30일, 50일 이상의 폭염이 발생한 지역의 수가 급격하게 증가했다. 특히 1979~2010년 평균에 비해 2005년 이후에는 2배 이상 늘어났다. 또한 세계기상기구WMO에 따르면, 총 56개국에서 1961~2010년 동안 집계된 하루 최고 기온의 신기록은 21세기에 접어든 시기인 2001~2010년에 관측됐다.

더구나 2016년 11월 WMO는 2011년부터 2015년까지의 5년간을 인류 역사상 가장 뜨거웠던 기간이었다고 발표했다(하지만 이 기록은 이후 2015~2019년이 가장 더운 5년으로 밝혀지면서 깨졌다). 이 기간의 지구 평균 기온은 1961년에서 1990년까지 30년간의 평균 기온인 14℃보다 0.57℃ 올라갔기 때문이다. 그 5년 중에서도 세계 육지 평균 온도는 2015년이 가장 높았는데, 그 온도는 1961~1990년의 30년간 계산된 평균 온도에 비해 0.76℃나 더 높았다고 한다.

기상청 자료에 따르면 우리나라의 온난화 추세도 비슷하다. 2001~2010년의 여름 평균 최고 기온과 최저 기온은 1973~1980년의 여름 평균 최고 기온과 최저 기온에 비해 각각 0.3℃, 0.5℃가 높아졌기 때문이다. 일 최고 기온이 33℃ 이상인 폭염 일수도 1973~1980년에 비해 2001~2010년에 1.3일이나 늘어났다.

더 심각한 문제는 온도 상승 기록이 2016년에 다시 경신됐다는 점이다. 미국기상학회의 '제28차 연례 기후 변화 보고서'에는 2016년이 기상 관측 역사상 가장 더웠던 해로 기록됐다. 그다음으로 더웠던 해는

기후는 왜 변하는 걸까?

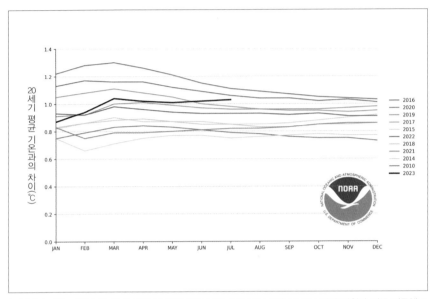

2023년과 가장 더웠던 열 해의 월별 전 세계 기온 변화. 2016년이 관측 역사상 가장 더웠던 해를 기록했고, 2023년 기준으로 가장 더운 상위 10개 연도는 모두 2010년 이후에 나타났다. ©NOAA

2015년이었으며, 2017년은 역사상 세 번째로 더웠던 해로 나타났다. 최근 3년인 2015~2017년이 기상 관측이 시작된 이래 가장 더웠던 해 1~3위를 모두 차지했다. 지구 온난화가 점점 심해지고 있는 셈이다.

이런 추세는 2018년 이후에도 계속되고 있다. NOAA는 2018년이 2015~2017년에 이어 역대 네 번째로 더운 해가 될 것이라고 예상하기도 했다. 2018년 상반기에만 전 세계 육지·바다 평균 기온이 20세기 전체 평균에 비해 0.77℃ 높은 것으로 나타났고, 2018년 여름도 전 세계적으로 유난히 뜨거웠기 때문이다. 유럽, 중동, 동아시아, 북미를 중심으로 폭염이 빈번히 발생했다. 7월 5일 알제리 우아르글라가 51.3℃까

지구 온난화, 어떻게 해결할까?

지 솟구쳐 관측 사상 사하라 사막의 최고 기온을 기록했으며, 스웨덴, 알제리, 모로코 등이 관측 사상 최고 기온을 기록했다. 7월 8일 미국 로스앤젤레스는 최고 기온이 48.9℃를 나타냈으며, 8월 4일 포르투갈 알베가는 최고 기온이 47℃를 보였다. 7월 23일 일본 도쿄도 40.8℃의 최고 기온을 기록했다. 특히 6월 28일 오만은 최저 기온이 42.6℃를 기록해 최저 기온의 세계 최고 기록을 경신했다. 우리나라도 예외는 아니었다. 8월 1일 강원도 홍천의 최고 기온이 41.0℃까지 치솟아 우리나라에서 가장 높은 기온을 기록했다. 기존의 전국 역대 1위인 40℃(1942년 8월 1일 대구)를 경신했던 것이다. 같은 날 서울은 최고 기온이 39.6℃를 기록해 종전의 기록인 38.4℃(1994년 7월 24일)를 뛰어넘었다. 이는 1907년 서울에서 기상 관측을 시작한 이래 111년 만에 가장 높은 기온이었다.

2023년 9월 현재 미국 국립해양대기청NOAA의 분석에 따르면, 가장 더운 상위 10개 연도가 모두 2010년 이후에 나타났다. 즉 가장 더운 해는 2016년, 그다음 더운 순위는 2020년(2위), 2019년(3위), 2017년(4위), 2015년(5위), 2022년(5위), 2018년(7위), 2021년(7위), 2014년(9위), 2010년(10위)이 각각 차지했다. 만일 2010년에 태어난 사람이라면 관측 역사상 더운 해 10개년을 모두 경험한 셈이다.

태양과 지구 대기의 역할

지구 온난화는 왜 발생하는 것일까. 또 최근 들어 지구 온난화가 점점 심해지는 이유는 무엇일까. 이 궁금증에 답하기 전에, 먼저 태양과 지구 대기의 역할을 이해할 필요가 있다. 태양은 지구를 향해 막대한 양의 에너지를 뿜어내고 있으며, 지구는 이런 태양에너지의 혜택을 받고 있다. 지구에 쏟아지는 태양에너지를 다시 우주로 빼앗기지 않는 것은 대기의 역할이 크다.

⁝ 어마어마한 태양에너지

지구에 사는 생명체에 필요한 에너지를 제공하는 근원이 바로 태양이다. 태양은 1초에 4×10^{26}J라는 엄청난 에너지를 쏟아낸다. 이 에너지는 얼마나 큰 양일까? 현재 지구에 50억 명이 살고 있으며 한 달 동안에 5명으로 이뤄진 한 가구당 1000kWh$(=3.6 \times 10^9$J$)$의 전력량을 사용한다고 가정하면, 지구상의 전 인류는 한 달에 3.6×10^{18}J의 전기에너지를 소비하고 있는 셈이다. 이 에너지로 태양이 1초 동안 내놓는 에너지를 나눠

보면 1.1×10^8개월이 나온다. 따라서 1초 동안 방출되는 태양에너지는 50억 명의 인류가 약 1000만 년 동안 전기에너지로 사용할 수 있는 막대한 양이다.

태양에너지의 비밀은 핵융합 반응에 있다. 용광로보다 더 뜨거운 태양 중심부에서 수소(H) 원자핵 4개가 결합해 하나의 헬륨(He) 원자핵으로 바뀌는 핵융합 반응이 일어난다. 아인슈타인의 질량 에너지 등가 원리(질량은 에너지의 한 형태이고 에너지도 질량을 가질 수 있다)에 따라, 이 핵융합 반응에서 원자핵 질량의 일부가 에너지로 바뀌는데, 이 에너지의 양이 어마어마한 것이다.

만일 태양 전체 질량의 10% 정도가 수소 핵융합 반응에 사용된다면 태양에서 생성될 수 있는 총에너지는 약 1.2×10^{44}J이다. 태양이 현재와 같은 비율로 에너지를 내뿜는다고 생각하면, 태양의 수명은 약 100억 년이나 된다. 현재 태양의 나이가 약 50억 년으로 추정되기 때문에 태양은 앞으로도 50억 년 정도 더 빛날 것으로 예상된다.

태양이 어마어마한 양의 에너지를 쏟아내지만 지구가 받아들이는 양은 이 가운데 20억분의 1 정도에 불과하다. 그럼에도 불구하고 태양이 한 시간 동안 지구 표면에 전해 주는 에너지의 양은 전 인류가 1년 동안 사용하는 에너지양과 맞먹을 정도로 많다.

기후는 왜 변하는 걸까?

⫶ 온실 효과의 혜택

지구는 지구 대기 바깥쪽에서 174PW(페타와트, 1PW=1000조W)에 이르는 태양에너지를 받는다. 이 중에서 약 30%는 지표면, 대기, 구름에 직접 반사돼 우주 공간으로 빠져나가고, 나머지 약 70%가 대기, 육지, 바다로 스며든다. 지구에 흡수된 태양에너지 덕분에 물이 증발해 순환하고 바람, 태풍, 고기압 등이 발생하며, 식물의 광합성을 통해 생물의 먹이가 만들어진다. 특히 바다와 육지에 흡수된 태양에너지는 지표면의 평균 온도(육지에서 지표 부근 기온과 해수면 수온의 평균)를 14℃로 유지시켜 준다.

지구의 평균 온도가 14℃로 유지되는 데는 대기의 역할이 크다. 만일 지구에 대기가 없다면 태양에서 받는 에너지는 그대로 다시 우주로 빠져나갈 것이다. 그러면 지구 표면 온도가 −19℃까지 떨어질 것이라고 과학자들은 추정한다. 실제로 대기가 없는 달의 경우를 살펴보면, 적도에서의 온도는 햇빛이 비치는 낮에 117℃로 올라갔다가 햇빛이 안 비치는 밤에 −173℃로 뚝 떨어진다. 이와 비슷하게 지구의 평균 온도도 대기의 유무에 따라 30℃ 이상 차이가 발생한다. 이 차이가 바로 '온실 효과' 때문에 나타난다.

온실 효과의 개념을 처음 제시한 사람은 19세기 프랑스의 과학자 조제프 푸리에(Jean Baptiste Joseph Fourier)였다. 푸리에는 지구의 기온을 결정하는 요인이 무엇인지, 지구가 태양으로부터 끊임없이 에너지를 받고 있는데도 왜 일정한 온도보다 더 오르지 않는지를 고민했다. 그는 지구 대기가 온실

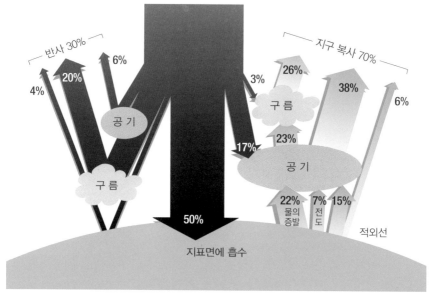

반사 30%

6%

20%

4%

공 기

구 름

50%

지표면에 흡수

지구 복사 70%

3%

26%

38%

6%

구 름

23%

공 기

22%
물의
증발

7%
전
도

15%

적외선

17%

지구 열수지와 복사 평형

유리 같은 역할을 한다고 생각했고, 1824년 지구 대기권과 기온을 다룬 논문을 발표했다. 이 논문에서 그는 온실가스에 해당하는 기체를 지목하지는 않았지만, 지구 대기의 온실 효과를 자세히 설명했다.

지구는 태양에너지를 받은 만큼 다시 에너지를 내놓아 균형 상태를 이룬다(이를 복사 평형이라고 한다). 지구에 도달한 태양에너지 가운데 반사돼 우주로 튕겨 나가는 30%를 제외하면 70% 정도가 지구에 흡수되는데, 그중 50%가 육지나 바다에 흡수되고 20%가 대기에 흡수된다. 지구는 이렇게 흡수된 에너지를 파장이 긴 빛(적외선)으로 방출한다. 이때 지구에서 내놓는 에너지의 일부는 대기 속에 있는 수증기, 이산화탄소 등의 온실가스에 흡수되고, 온실가스는 이를 다시 방출해 지구가 더 따뜻해진다. 지구 대기가 외부로 나가는 에너지를 붙잡아 온도가 상승하는 것이다. 이것이 바로 온실 효과다. 온실 효과 덕분에 지구 표면의 평균 온도는 −19℃가 아니라 14℃로 유지될 수 있는 것이다.

TIP
온실과 온실 효과

실제 온실은 어떻게 작용할까? 땅이 햇빛을 흡수해 온도가 높아지면 공기가 데워지고, 이렇게 데워진 공기가 퍼져 나가는데, 온실의 유리(또는 비닐)가 데워진 공기가 밖으로 나가는 것을 막기 때문에 온실 내부 온도가 높아진다. 지구 대기가 온실의 유리(또는 비닐)처럼 작용한다고 해서 이를 '온실 효과'라고 부른다. 하지만 대기의 온실 효과는 온실의 작용과 조금 다르다. 대기가 표면에서 나오는 열에너지(적외선)를 빠져나가기 전에 흡수하므로 그 에너지가 대기에 남아 기온이 높아지는 현상이 온실 효과이기 때문이다. 물론 열에너지 자체가 외부로 빠져나가지 않아 온도가 올라간다는 점에서 결과가 똑같기는 하다.

지구 온난화, 어떻게 해결할까?

산업 혁명 이후 기후 변화

자연적으로 작동하는 온실 효과 덕분에 지구는 생명체가 살기에 적합한 평균 온도를 유지해 왔다. 문제는 산업 혁명 이래 인간의 활동으로 온실가스의 방출이 급증하면서 발생했다. 옷을 한 겹만 입으면 따뜻하지만 두 겹, 세 겹으로 겹쳐 입으면 갑갑하고 덥다고 느끼듯이 대기 중 온실가스의 농도가 증가하면서 지구 평균 온도가 높아지기 때문이다.

⁝ 이산화탄소의 온실 효과 증명

18세기 중반 영국에서 기술 혁신에 따라 생산력이 크게 높아지고 그 영향으로 농업사회가 공업사회로 바뀌는 변혁이 일어났다. 바로 산업 혁명이다. 영국은 풍부한 지하자원인 석탄을 이용해 증기기관을 가동했으며 새로운 기계 제작에 필요한 철을 제련했고, 방적 기계를 발명해 공장에서 면제품을 대량으로 생산했다. 이렇게 면공업에서 시작된 혁명은 석탄, 제철, 운송 등에 관련된 다른 분야로 퍼지면서 소비물자의 양과 질이 향상되고 생활 수준이 올라갔다. 영국에서 일어난 산업 혁명의 불길은 유럽 대륙, 미국, 러시아 등으로 번져 나갔고, 20세기 후반에는 동남아시아, 아프리카, 라틴아메리카로 확산됐다. 이를 계기로 세계 여러 나라에서 석탄, 석유 등의 화석 연료를 많이 사용했다. 문제는 화석 연료가 연소될 때 대표적인 온실가스인 이산화탄소가 대량으로 배출된다는 점이다. 산업 혁명 이후, 대기 중에 이산화탄소를 중심으로 한 온실가스의 농도가 급격히 증가했다.

1858년 아일랜드의 물리학자 존 틴들John Tyndall은 이산화탄소, 수증기 등의 온실가스가 적외선을 흡수한다는 실험적 증거를 처음으로 제시했다. 틴들은 온실가스가 열을 가두는 효과가 있음을 입증한 것이다. 그는 만약 이런 효과가 없다면 지구에서 열에너지가 모두 빠져나가 태양이 떠올라도 땅이 꽁꽁 얼게 될 것이라고 예측했다.

산업 혁명은 18세기 중반 영국의 면공업에서 시작됐다. 그림은 영국에서 19세기 초 기계로 면사를 뽑는 광경.

지구 온난화, 어떻게 해결할까?

대기 중의 이산화탄소가 온실 효과를 일으킬 수 있다는 사실을 처음 지적한 사람은 스웨덴의 화학자 스반테 아레니우스 Svante Arrhenius 였다. 그는 과거 빙하기의 원인이 이산화탄소 같은 온실가스가 적었기 때문이라고 생각했다. 1896년 아레니우스는 화석 연료의 연소로 인해 대기 중 이산화탄소의 농도가 2배 높아지면 기온이 얼마나 오를지에 대해 엄청난 계산을 수행한 끝에 기온이 5~6℃ 상승할 것이란 결론에 도달했다. 그는 지구 온난화의 토대가 되는 이론을 제시했던 것이다. 아레니우스는 또 대기 중의 이산화탄소의 양이 절반으로 줄어들면 기온이 5℃ 정도 차가워질 것이라고 발표했다.

20세기에 들어와서는 대기 중 이산화탄소에 대해 좀 더 구체적인 연구가 진행됐다. 1938년 영국의 가이 스튜어트 캘런더 Guy Stewart Callendar 는 인간이 화석 연료를 사용해 발생된 이산화탄소가 온실 효과를 더욱 가속화시킬 수 있다는 구체적인 메커니즘을 알아냈다. 1957년 미국의 찰스 킬링 Charles David Keeling 은 캘런더의 말을 입증했다. 하와이 마우나로아의 해발 3340m에 세운 기상 관측소에서 2년간의 측정을 통해 실제로 대기 중 이산화탄소 양이 증가하고 있음을 확인했던 것이다.

⁑ 화석 연료 사용에 의한 인재(人災)

유엔 산하 '기후 변화에 관한 정부 간 협의체 IPCC' 실무 그룹의 5차 보고서에 따르면, 대기 중 온실가스(이산화탄소) 농도는 산업 혁명 이전의 280ppm(ppm은 100만분의 1을 뜻하는 단위. 수질 오염도나 대기 오염도를 나타낸다)에서 2011년 기준 391ppm으로 40% 증가했다. 또 온실가스 배출량은 1970~2000년에 연평균 1.3%가 증가했는데, 2000~2010년에는 연평균 2.2%로 증가율이 높아졌다. 특히 이산화탄소가 온실가스 배출량 증가의 78%를 차지했다.

온실가스 농도가 증가함에 따라 지구의 평균 온도도 점차 높아지고 있다. 구체적으로 살펴보면, 지구 온난화로 인해 지난 133년간 지구의 평균 기온이 0.85℃(0.65~1.06℃) 상승했다. 지구 평균 기온은 1850년 이래로 비교해 볼 때 지난 30년(1983~2012년) 동안 가장 더웠고, 특히 2000년 들어 첫 10년은 더 무더웠던 것으로 나타났다.

2023년에 승인된 IPCC 6차 보고서를 살펴보면 상황은 악화되고 있다. 이 보고서에 따르면 대기 중 이산화탄소 농도가 410ppm으로 증가했으며, 지구 평균 기온은 산업화 이전에 비해 1.09℃가 높아졌다. 이산화탄소 농도는 2015년에 처음으로 400ppm을 돌파한 이후 계속 높아지고 있으며, 지구 평균 기온 상승 정도는 1℃를 넘어섰다.

지구 온난화를 일으키는 온실가스 농도가 급증하는 원인은 인간 활동에 의한 것이다. 화석 연료의 사용에 따라 온실가스가 과다하게 배출되는 것이 가장 큰 원인이다. 예를 들어 이산화탄소는 화력발전소, 제철 공장, 시멘트 공장 등에서뿐만 아니라 건물 냉난방 시설, 자동차, 비행기 등에서도 화석 연료가 많이 쓰이기 때문에 다량으로 발생한다.

브라질에서 소를 키우는 목장을 만들기 위해 아마존의 열대림을 불에 태워 제거하는 것처럼 산림을 방화하는 과정에서도 이산화탄소가 나온다. 더구나 산림의 무분별한 벌목도 기후 변화의 큰 원인이다. '지구의 허파'라고 불리는 아마존 산림의 무차별적 벌목 등으로 전 세계 산림이 크게 줄어들고 있다. 이렇게 산림이 감소하면 이산화탄소를 산소로 바꾸는 자연의 기능도 함께 떨어지기 때문에 대기 중의 이산화탄소의 양은 더 늘어나게 된다.

기후는 왜 변하는 걸까?

지구 온난화 주범, 온실가스의 정체

이산화탄소는 지구 온난화를 일으키는 대표적인 온실가스로 알려져 있다. 사실 온실가스에는 이산화탄소 외에도 메탄, 아산화질소 등 5가지가 더 있다. 이 기체들은 온실 효과를 일으키는 정도가 각기 다른데, 이들 중에서 이산화탄소의 온실 효과가 가장 약하다.

⋮ 온실 효과가 가장 높은 것은?

1997년 일본 교토에서 열린 제3차 유엔기후변화협약 당사국 총회 COP3에서는 선진국들의 온실가스 감축 의무를 수량적으로 규정하고 온실가스의 종류를 명시한 교토의정서를 채택했다. 교토의정서에 따르면, 지구 온난화의 주범인 온실가스를 이산화탄소(CO_2), 메탄(CH_4), 아산화질소(N_2O), 수소불화탄소($HFCs$), 과불화탄소($PFCs$), 육불화황(SF_6) 6가지로 정의했다.

온실 효과의 척도인 지구 온난화 지수는 이산화탄소, 메탄, 아산화질소, 수소불화탄소, 과불화탄소, 육불화황 순으로 크다. 이산화탄소 이

〈온실가스별 지구 온난화 지수〉

온실가스 종류	지구 온난화 지수	배출원	주요 특성
이산화탄소 (CO₂)	1	화석 연료 사용, 산업공정	에너지원, 공정 배출원
메탄 (CH₄)	21	폐기물, 농업, 축산	비점오염(오염원이 일정한 곳에 있어 발생하는 오염이 아니라 유동적인 오염원에 의한 오염) 형태라서 포집하기 어려움
아산화질소 (N₂O)	310	화학공업, 하수슬러지, 목재 소각 시	배출원에 따라 포집 난이도 존재
수소불화탄소 (HFCs)	140~11700	냉매, 용제, 발포제, 세정제	대기 중 잔존 기간이 길고, 화학적으로 안정적
과불화탄소 (PFCs)	6500~11700	냉동기, 소화기, 세정제	
육불화황 (SF₆)	23900	충전기기, 절연가스	

지구 온난화 지수는 이산화탄소 1kg과 비교했을 때, 어떤 온실가스가 대기 중에 방출된 뒤 특정 기간에 그 기체 1kg의 가열 효과(온실 효과)가 어느 정도인가를 평가하는 척도. 100년을 기준으로 이산화탄소의 지구 온난화 지수를 1로 본다.

외의 온실가스는 이산화탄소보다 배출량이 적지만 온실 효과를 일으키는 힘이 강력하다.

메탄은 산업 혁명 이전 715ppb(ppb는 10억분의 1을 나타내는 단위, 검출되는 양이 극미량일 경우에 사용한다)에서 2005년 1774ppb로 2배 이상 증가했다. 아산화질소도 질소 비료 사용량이 늘어나면서 대기 중에 쌓이고 있다. 수소불화탄소, 과불화탄소, 육불화황은 자연 상태에서 발생하지 않는 인공적인 온실가스로 지구 온난화 지수가 무척 높다. 수소불화탄소는 냉매, 스

프레이 분사제 등에 포함돼 산업 공정에 사용되고, 과불화탄소나 육불화황은 반도체 제조 공정에서 대기로 방출된다.

사실 이산화탄소는 온실가스 중에서 지구 온난화 지수가 가장 낮다. 하지만 이산화탄소가 지구 온난화의 대표적 주범으로 꼽히는 이유는 무엇일까. 이산화탄소는 다른 온실가스보다 배출량이 훨씬 많고, 산업화와 함께 대기 중 농도가 급증하고 있기 때문이다. 세계기상기구^{WMO}에 따르면, 2016년 전 세계 평균 기온이 산업 혁명 이전보다 1.2℃ 상승했다.

⁝ '방귀세'를 도입하는 이유

쓰레기의 증가도 기후 변화의 원인 중 하나이다. 쓰레기를 분해하는 과정에서 또 다른 온실가스인 메탄이 다량으로 발생하는데, 메탄이 이산화탄소보다 온실 효과에 미치는 영향이 21배나 더 크기 때문이다. 메탄은 산불이 발생하거나 화석 연료를 태우는 과정에서 나오고, 습한 환경에서 배설물, 음식물 쓰레기 같은 유기물질이 분해될 때 많이 생긴다. 또 논과 같은 습지에서도 메탄이 방출된다. 벼농사는 광합성 작용을 통해 이산화탄소를 줄이는 반면에 메탄의 양을 늘리는 것이다.

특히 소나 양 같은 초식 동물이 풀을 소화시킬 때 메탄이 생기는데, 이런 동물이 트림을 하거나 방귀를 뀔 때 메탄을 배출한다. 이 때문에 일부에서는 목축업자들에게 '방귀세'를 걷어야 한다고 주장한다. 방귀세는

에스토니아는 2009년부터 소를 키우는 목장에 방귀세를 부과하고 있다. 사진은 에스토니아에서 키우는 소.

가축을 키우는 농가에 부과하는 환경세다.

　실제로 유럽의 에스토니아는 2009년부터 소를 키우는 목장에 방귀세를 부과하고 있다. 에스토니아가 방귀세를 도입한 이유는 소가 방귀와 트림으로 하루 평균 1500L의 이산화탄소, 350L의 메탄을 내뿜기 때문이다. 특히 소가 내놓는 메탄은 이 나라 전체 배출량의 25%를 차지한다고 한다. 덴마크나 뉴질랜드도 소·돼지 사육 농가에 방귀세를 물리는 법을 추진하기도 했다. 덴마크 정부의 연구결과에 따르면, 소 한 마리의 연간 온실가스 배출량은 4톤이다. 이는 승용차 한 대가 내뿜는 온실가스 2.7톤의 1.5배에 이르는 수치이다.

전 세계에서 가축이 방출하는 메탄은 연간 1억 톤으로 전체 메탄 발생량의 15~20%를 차지한다고 한다. 소, 양, 염소 같은 되새김질 가축은 키우는 데 엄청난 양의 사료가 투입될 뿐 아니라 다량의 메탄과 이산화탄소를 내놓는다는 점에서 지구 온난화의 주요인 중 하나로 꼽힌다. 전 세계 축산에서 배출되는 온실가스 양은 전체의 18%를 차지할 정도이다.

지구 온난화, 인재인가? 자연의 흐름인가?

　많은 학자들은 현재 나타나는 지구 온난화가 산업 혁명 이후에 온실 가스의 배출이 급증하면서 발생한 인재(人災)라고 입을 모은다. 그렇다면 과연 과거에 지구의 기온은 어떠했을까? 빙하기도 있었다고 하는데, 지금보다 더 추웠을까? 그리고 기후 변화의 장기간 흐름에 따르면, 지금은 빙하기가 끝나고 간빙기가 찾아와 따뜻한 시기라고 한다.

⁝ 고기후(古氣候)는 어떻게 알까?

　과거 기후는 고문서 기록, 나무 나이테, 산호, 빙핵ice core, 바다나 호수의 퇴적층 등을 통해 파악할 수 있다. 중세 시대 유럽의 경우 연대기 같은 역사 기록, 수도사의 '기상 일기' 등에 기상 현상에 대한 정보가 남아 있다. 이른 서리와 늦은 서리, 첫눈, 적설 기간, 호수·강·바다의 빙결 등의 기상 현상에 대한 관찰 기록은 물론이고, 파종(씨뿌리기), 개화, 수확 같은 식물(과수, 곡식 등) 성장에 대한 정보를 이용해 당시 기후를 추정할 수 있다. 이런 자료를 대체 자료proxy data라고 한다.

나무의 나이테나 산호의 성장테는 수 세기 전의 기후에 대해 알려준다. 나이테는 해마다 나무가 생장한 기록을 담고 있어 가뭄 등 고기후의 특징을 찾아낼 수 있다. 한편 100~300m 깊이의 바다 밑에 모여 사는 산호는 산소 동위원소 함량을 분석하면 성장할 당시의 해수 온도 변화를 알 수 있다.

1965년 영국의 고기후학자 허버트 램Hubert Lamb은 기상과 관련된 역사 기록, 식생과 관련된 대체 자료를 분석해 10세기부터 13세기까지를 '중세 온난기'라고 주장했다. 중세 온난기는 꽃가루 샘플, 나무 나이테, 북대서양의 해양 퇴적물, 아메리카 동부의 퇴적물, 안데스 고원의 얼음층 등에 두루 흔적이 남아 있다. 11세기 초 바이킹은 따뜻한 기후 덕분에 아이슬란드와 그린란드에 식민지를 건설할 수 있었고, 12~13세기에는 영국의 남부와 중부에서도 포도 재배가 가능할 정도로 온화해 프랑스는 영국산 포도주를 수입하지 못하게 하는 무역 협정을 체결하려고 했다.

공교롭게도 중세 온난기 이후에는 '소빙하기'가 찾아왔다. 세계 각지의 기록을 살펴보면, 13세기 중반부터 19세기 후반까지 비교적 추운 날씨가 지속됐기 때문이다. 13세기 중반을 넘어서면서 유럽 전역에 혹한이 자주 발생했고, 아이슬란드에서 곡물 농사가 불가능해져 인구가 급격히 감소했으며 그린란드도 빙하 때문에 고립되고 말았다. 유럽에서는 많은 사람들이 식량 부족이나 전염병으로 인해 죽었다. 17세기와 18세기에는 '마운더의 극소기'라 불릴 만큼 태양 활동이 약했는데, 일부에서는 소빙하

네덜란드 화가 헨드릭 아베르캄프(Hendrick Avercamp)가 그린 '스케이트를 타는 사람들의 겨울 풍경(1608년경)'. 소빙하기 유럽의 모습을 보여준다.

기가 발생한 원인을 이렇게 약화된 태양 활동 때문이라고 보기도 한다.

최근에 와서는 극지 탐사 기술이 발달해 남극이나 그린란드에서 빙하를 채취해 수십만 년 전의 기후 정보를 파악할 수 있다. 이를 통해 여러 번의 대빙하기가 주기적으로 찾아왔음을 밝혀내기도 했다. 또 해양 탐사 기술이 발달하면서 해양 퇴적물 자료를 바탕으로 수백만 년 전의 기후 변동도 알아낼 수 있다.

‡ 밀란코비치, 지구의 자전과 공전에 주목하다

그러면 빙하기가 주기적으로 나타나는 이유는 무엇일까. 여기에 답하기 위해서는 지구와 태양 사이의 관계를 들여다봐야 한다. 20세기 초 세르비아의 응용수학자 밀루틴 밀란코비치Milutin Milankovitch는 지구의 기후를 변화시키는 여러 요인 중에서 특별히 천문학적인 요인에 주목했다. 지구의 특정한 곳에서의 기후는 지구와 태양 사이의 거리, 그곳의 위도, 그 위도의 지표면에 태양빛이 내리쬐는 각도에 따라 결정된다. 밀란코비치는 20년 이상 이 문제에 매달린 끝에, 천문학적 영향으로 인해 지구의 각기 다른 위도에 도달하는 태양에너지의 양이 변해서 빙하기가 찾아올 수도 있다는 수학적 증거를 제시했다. 그는 제1차 세계대전 와중에도 자신의 연구를 멈추지 않았다.

밀란코비치는 지구가 스스로 돌면서(자전) 태양 주위를 돎(공전)에 따라 자전축 경사, 공전 궤도 모양 등이 변화할 때 이런 변화가 지구 기후에 영향을 미친다는 사실을 알아냈다. 지구는 태양 주위로 타원 궤도를 따라 공전하는데, 태양에 가까이 다가갈 때 태양에너지를 더 많이 받고 태양에서 더 멀어질 때 태양에너지를 상대적으로 덜 받는다. 문제는 지구 공전 궤도의 타원 모양이 달라진다는 것이다. 즉 지구 공전 궤도의 찌그러진 정도(이심률)가 41만 3000년의 주기와 대략 10만 년 주기로 변한다. 궤도 이심률이 증가함에 따라 계절의 변화가 커진다. 또 지구의 자전축은 공전축에 대해 $23.44°$ 기울어져 있어 팽이처럼 뒤뚱거리며 약 2만 6000년에 한 바퀴씩 회전하며(세차 운동), 지구 자전축 기울기(경사)는 $22.1°$에서 $24.5°$까지 4만 1000년의 주기로 변한다. 지구 자전축이 달라지면

지구 온난화, 어떻게 해결할까?

계절에 따라 태양으로부터 받는 에너지의 차이가 달라진다. 예를 들어 자전축 경사가 증가하면 여름에 태양에너지를 더 많이 받고 겨울에는 더 적게 받아 계절별 차이가 커진다. 이렇게 천문학적 요인에 의해 기후가 달라지는 주기들을 '밀란코비치 주기'라고 한다.

밀란코비치는 지구 공전 궤도 이심률, 세차 운동, 지구 자전축 경사 같은 천문학적 요인의 변동에 의해 북반구의 여름철 일사량이 빙하기 시작 시점에서 중요하다는 가설을 세웠다. 남극에는 거대한 대륙(빙상)이 있지만 주변이 바다로 둘러싸여 빙하가 확장하기 어려운 반면, 북극은 바다로 이뤄져 있지만 주변의 유라시아 대륙, 북미 대륙이 있어 추워지면 쉽게 빙하가 형성되고 확장될 수 있다. 만일 천문학적 요인 때문에 북반구의 여름철 일사량이 줄어들면, 북극 주변에 겨울 동안 내렸던 눈이 여름에 녹지 못해 이것이 빙하를 형성하고 태양빛의 반사율을 증가시켜 빙하기를 초래할 수 있다는 얘기다.

⁝ 빙하에 담긴 과거의 공기

남극이나 그린란드는 1년 내내 기온이 영하에 머물기 때문에 내린 눈이 녹지 않고 계속 쌓여 수천 미터 두께의 빙하를 형성한다. 흥미롭게도 빙하가 형성될 때 당시 공기가 스며들어 공기 방울 형태로 빙하에 갇힌다. 수만 년이나 수십만 년 동안 빙하 속에 갇혀 있던 공기 방울은 과

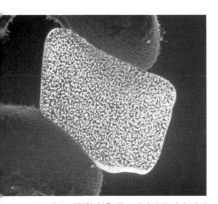
남극에서 채취한 얼음에는 과거의 공기가 담겨 있다. ⓒCSIRO

거의 지구 대기 조성을 고이 간직하고 있다. 그래서 남극이나 그린란드에 있는 기지들에서 수천 미터 깊이까지 빙하를 시추해 빙핵을 얻는다. 빙핵은 빙하를 깊숙이 뚫어 기다란 기둥 모양으로 채취한 얼음 샘플인데, 기둥 아래쪽에 있는 얼음일수록 과거의 정보를 담고 있다.

빙하 속에 갇혀 있던 공기 방울로부터 당시 지구 대기에 들어 있던 이산화탄소 농도, 먼지 양 등은 쉽게 복원할 수 있다. 또 산소 동위원소 중에서 질량수가 16인 산소와 18인 산소를 비교해 당시 기온을 추정할 수 있다. 이 과정에서, 기후가 따뜻할 때는 두 종류의 산소가 모두 바다에서 잘 증발되지만, 기후가 추울 때는 증발이 약해져 대기 중에 무거운 산소(질량수가 18인 산소)의 비율이 감소한다는 원리를 이용한다.

실제로 남극의 보스토크 기지에서 시추한 빙핵을 분석해 보면, 지난 40만 년 동안 기온 변화, 이산화탄소 농도, 먼지 양에 대한 정보를 알 수 있다. 특히 기온 변화에 주목하면 빙하기는 8만 년 정도로 매우 길었지만 지금처럼 따뜻한 시기인 간빙기는 1~2만 년으로 짧았다. 빙하기를 일으키는 주요인으로 북반구의 여름철 일사량 감소와 이에 따른 빙하의 확장이라고 봤지만, 실제 과정은 복잡하다. 빙하기 때는 이산화탄소의 농도가 낮아 지구 냉각에 기여했고, 먼지의 양도 많아 햇빛을 반사해 지구 냉각에 공헌했기 때문이다.

또 남극 돔^{Dome} C에서 시추한 빙핵은 80만 년 전까지의 기후 자료를 제공해주었다. 이는 지난 40만 년까지의 기후 자료와 차이가 있다. 지난 80만 년 동안 빙하기 – 간빙기가 10만 년 주기로 반복됐는데, 40만 년 전까지는 10만 년 주기가 매우 뚜렷하게 나타나는 반면, 그 이전 시기에는 10만 년 주기가 명확하지 않다. 과거 3번의 간빙기는 온도가 급증한 뒤 약간 떨어지는 추세를 보였지만, 현재 진행 중인 간빙기는 지난

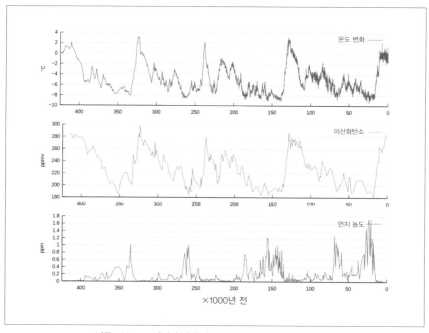

남극 보스토크 기지의 빙핵 자료로 본 과거 기후 변화 ⓒNOAA

기후는 왜 변하는 걸까?

해양 퇴적물 코어로 본 과거 500만 년의 기후 변화

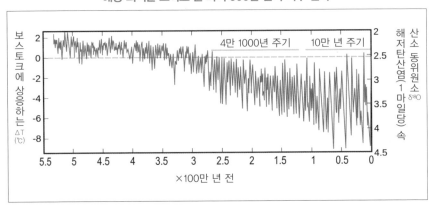

1만 년간 기후가 꽤 안정된 양상을 보이고 있다. 이런 양상은 40만 년 전의 간빙기와 유사하다. 그때나 지금이나 지구 공전 궤도의 이심률이 작은 시기이기 때문에 기후가 안정된 것으로 추정된다.

　게다가 해양 퇴적물 자료를 활용하면 수백만 년 전의 기후 자료까지 얻을 수 있다. 과거에서 현재까지 장기적인 관점으로 볼 때 지구 온도는 하강 추세인데, 지난 100만 년 동안은 10만 년 주기를 나타냈지만, 250만 년 전에서 100만 년 전까지는 4만 1000년 주기를 보여줬다. 이런 기온 변동 주기는 밀란코비치 주기와 관련 있다. 즉 10만 년 주기는 지구 공전 궤도 이심률의 변동 주기와, 4만 1000년 주기는 지구 자전축 기울기의 변동 주기와 각각 일치한다.

지구 온난화, 어떻게 해결할까?

⁝ 지구 온난화는 사기극?

　장기적인 관점에서 지구 온도가 내려가는 추세라면, 현재 전 세계적 문제로 주목받고 있는 지구 온난화는 사기극인가?

　지구 온난화에 대한 회의론자들은 화석 연료 사용이 많지 않던 산업혁명 이전에도 중세 온난기가 있었고, 지구 온난화의 원인에 대해 이산화탄소가 증가했기 때문이 아니라 태양 활동이 왕성해졌기 때문이라고 주장한다. 그들은 또 빙핵 분석 결과를 통해 지구 기온이 먼저 상승한 뒤에 이산화탄소 양이 증가했다면서, 기온이 높아져 해양이 가열되면 용해도가 낮아져 바닷속 이산화탄소가 대기 중으로 방출된다고 설명한다. 사이다, 콜라 같은 탄산음료의 경우 온도가 높아질 때 이산화탄소 농도가 낮아져 톡 쏘는 맛이 줄어드는 상황을 떠올리면 이해하기 쉽다. 이렇게 논쟁적인 내용은 2007년 영국의 BBC에서 '거대한 지구 온난화 사기극 The Great Global Warming Swindle'이라는 다큐멘터리로 방영되기도 했다. 기후 변화와 지구 온난화는 인간의 미래가 달려 있는 문제인 동시에 각국 정부, 기업, 과학자 집단의 이해관계가 얽혀 있는 복합한 문제이다.

　UN 산하 '기후 변화에 관한 정부간협의체IPCC'에서 나온 일련의 보고서를 보면, 지구 온난화에 대한 논란을 살펴볼 수 있다. 1990년 이래 5~6년마다 전 세계 195개국 회원국 전문가들이 모여 기후 변화의 추세, 원인, 영향, 대응 전략 등에 관한 내용을 담은 IPCC 보고서를 발간해 왔다. 1990년에 발표된 IPCC 1차 보고서에는 '인간 활동에 의한 기후 변화설은 관측상의 한계로 명확하지 않다'는 입장을 밝혔지만, 1995년 발표된 IPCC 2차 보고서에서는 '식별 가능하며 인위적인 행동이 기후 변화에 영향을 미쳤다'고 언급하며 처음으로 인간 활동에 의한 기후 변화를 인정했다. 물론 이에 대해 당시 산업계와 일부 과학계는 기후 변화가 과학적으로 입증되지 않았다며 크게 반발했다.

그러나 2001년 IPCC 3차 보고서에서는 자연적 요인이 아니라 인간 활동으로 배출된 오염 물질 때문에 기후 변화가 일어나고 있다고 밝혔고, 2007년 IPCC 4차 보고서에서는 65만 년 전으로 거슬러 올라가 대기를 분석하고 관측망을 재정비해 조사한 결과 인간 활동에 의해 기후 변화가 일어났다고 명시했다. 2013년 IPCC 5차 보고서에서는 지구 온난화가 화석 연료 사용 같은 인간 활동과 비례 관계에 있는 이산화탄소 농도 때문이라는 점을 분명히 했다. 지구 온난화가 인간 활동에 의한 것일 가능성에 대해 IPCC 4차 보고서에서 90% 정도로 높다고 밝힌 데 이어 IPCC 5차 보고서에서는 그 가능성이 95% 이상이라고 밝혔다. IPCC 6차 보고서에서는 대기와 해양, 토양의 온난화는 인간의 영향이 명백하다고 강조했다. 결론적으로 최근에 지구 온난화가 발생하는 이유는 인간 활동 때문이라는 뜻이다.

지구 온난화, 어떻게 해결할까?

기후 시스템, 지구 온난화의 원인 등에 대해서는 교과서의 여러 곳에서 접할 수 있다. 먼저 초등학교 5, 6학년에서는 온도와 열, 여러 가지 기체, 날씨와 우리 생활에 대해 배운다. 특히 초등학교 6학년 과학 교과서의 '여러 가지 기체' 단원에서 이산화탄소의 성질을 접하고 지구 온난화와의 관계를 알게 된다.

중학교에서는 복사 평형, 온실 효과, 지구 온난화 개념을 배운다. 특히 2015년 개정판 중학교 과학과 교육과정의 단원 구성을 보면 3학년 때 '기권과 날씨' 단원이 있다. 이 단원에서 온실 효과와 지구 온난화를 복사 평형의 관점으로 설명하고 있다.

고등학교의 경우 2015년 개정판 지구과학Ⅰ 교과서의 '대기와 해양의 상호 작용' 단원에서 기후 변화를 다루고 있다. 기후 변화의 원인을 자연적 요인과 인위적 요인으로 나눠서 설명한다. 특히 기후 기온 변화 자료를 분석해 지구 온난화 경향을 조사할 수 있도록 돕는다.

Chapter 02

지구 온난화로 인해 살 곳을 잃은 북극곰의 눈높이로 바라보면 그 피해는 생각 이상으로 심각하다. 2016년 말 MBC 예능 프로그램 '무한도전'은 출연자들이 북극곰을 만나 교감하기 위해 캐나다 처칠로 가는 모습을 보여주었는데, 그 여정은 한 편의 다큐멘터리라기보다 재난 영화에 가까웠다. 지구 온난화로 인해 북극곰의 삶의 터전도 사라지고 있지만, 지구 곳곳의 기후, 자연 환경, 사회 환경 등이 큰 변화를 겪고 있다.

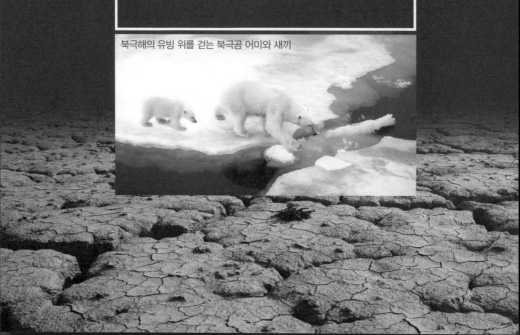

북극해의 유빙 위를 걷는 북극곰 어미와 새끼

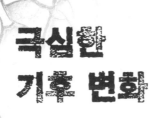

극심한 기후 변화

지구 온난화로 인한 기후 변화에는 폭염 같은 무더위만 있는 것이 아니다. 여름에는 찜통더위가 기승을 부리지만, 겨울에는 강력한 한파가 찾아오기도 한다. 또한 태풍은 더욱 강력해지고, 가뭄, 폭우, 홍수 등 극단적인 기상 현상이 빈번하게 발생한다.

⁝ 미국의 열돔 현상과 대가뭄

먼저 찜통더위 또는 가마솥더위라고 부르는 폭염은 어떻게 나타날까?

2016년 6월 말부터 7월 말 사이에 미국은 전국에 이상 고온 현상이 발생했다. 미국 서부 사막 지대와 동남부에서 시작돼 뉴욕을 비롯한 동북부까지 거대한 가마솥 뚜껑이 덮인 것처럼 찜통더위에 시달렸던 것이다. 특히 7월에는 미국 전역 48개 주의 최고 기온이 32℃를 돌파하며, 20년 만에 처음 관측되는 이상 고온 현상을 기록했다. 전문가들은 미국의 이상 고온에 대해 '열돔heat dome' 현상을 주요인으로 꼽았다.

열돔 현상은 지상 5~7km 높이의 대기권 중상층에 발달한 고기압과 관련이 있다. 고도가 2km 미만으로 낮은 고기압은 빠른 속도로 움직이지만, 대기권 중상층까지 발달한 '높은 고기압'은 이동이 늦고 정체돼 있다. 전문가들은 높은 고기압이 정체하거나 아주 천천히 움직이면서 열을 가두어 미국 전역에 고온 현상이 일어났다고 설명했다. 고기압에서 하강하는 뜨거운 공기가 지면에서 데워진 공기의 상승을 차단하면서 열기가 쌓이기 때문에 마치 뜨거운 돔 안에 지면이 갇힌 것 같은 효과가 생기는 것이다. 미국의 기상 전문가 댄 콜린스Dan Collins는 지구 온난화가 장기간 열돔 현상이 발생하는 원인 중의 하나라고 지적했다.

이런 열돔 현상은 2018년 여름 북반구 중위도 지역에도 나타났다. 특히 한반도에는 한여름 더위를 몰고 오는 북태평양 고기압이 한 달 이상 정체돼 있었다. 덥고 습한 북태평양 고기압이 대기 중·하층에 자리 잡은 가운데, 고온의 티베트 고기압이 대기 상층부에서 짓누르며 열돔을 형성했던 것이다. 이 때문에 우리나라는 역대급 더위를 겪게 됐다. 이와 같은 열돔 현상은 우리나라를 비롯한 동아시아, 북미, 유럽, 중동 지역에나타나 강력한 폭염이 빈번하게 발생했다.

지구 온난화는 극심한 가뭄도 일으키고 있다. 2013년과 2014년에 미국 남서부, 특히 캘리포니아주는 매우 극심한 가뭄을 겪었다. 호수, 저수지, 강의 모습이 바뀔 만큼 심각한 상태가 지속됐는데, 이는 '캘리포니아 대가뭄'이라고 불렸다. 미국 스탠퍼드대 노아 디펜바우Noah Diffenbaugh 교수팀이 미국 기상학회 회보에 발표한 바에 따르면, 컴퓨터 모델링과

2014년 캘리포니아 대가뭄 때 메말라 버린 폴섬 호수

통계적 방법으로 분석한 결과 캘리포니아 가뭄을 유발한 고기압대가 지구 온난화에 크게 영향을 받아 발생했다. '트리플 R'이라 불리는 이 고기압대가 태평양 북동부에 발생해 2013년과 2014년 우기 동안에 비구름과 폭풍이 캘리포니아주를 비롯한 미국 남서부를 비켜가게 만들었다. 2022년 여름에는 유럽이 500년 만의 최악이라는 극심한 가뭄을 겪었으며, 중국도 60년 만에 최악의 가뭄에 시달렸다. 특히 유럽은 1540년 대륙을 강타했던 '초대형 가뭄' 이래 가장 심한 가뭄이 대륙의 3분의 2를 덮쳤다.

⁝ 슈퍼 태풍, 한반도에 찾아올지도

지구 온난화는 슈퍼 태풍이 발생하는 주요 원인 중 하나로 손꼽히고 있다. 우리나라를 포함한 동아시아 지역에는 대개 7~8월에 태풍이 집중적으로 찾아왔지만, 최근에는 9~10월에도 메기, 차바처럼 강력한 태풍이 나타나고 있다. 지구 온난화가 심해지면서 예측 불가능성이 동반되고 있는 셈이다.

미국 샌디에이고 캘리포니아대 스크립스 해양학연구소는 지구 온난화로 인해 동아시아와 동남아시아에 상륙하는 태풍이 지난 40년 동안 15% 더 강력해졌다고 분석했다. 특히 해수면 온도가 높아지면서 최고 강도인 4~5등급 태풍(슈퍼 태풍)의 발생 비율이 1978년 이후 2~3배 늘어났다고 한다. 일본 나고야대 지구수환경연구센터그룹은 동아시아 지역에서 지구 온난화에 따른 슈퍼 태풍의 강도가 금세기 말까지 눈에 띌 정도로 높아질 것이라고 예측했다.

미국 합동태풍경보센터JTWC는 1분 평균 최대 풍속이 중심 부근에서 초속 67m(시속 241km) 이상인 태풍을 '슈퍼 태풍'이라고 정의한다. 이는 우리나라 기상청의 태풍 분류에서 최고 단계인 '매우 강한 태풍(초속 44m 이상)'보다 강도가 50%가량 더 강력한 태풍이다. 슈퍼 태풍은 자동차를 뒤집고 대형 구조물을 부술 정도의 위력을 지닌다. 2005년 미국 뉴올리언스를 강타한 허리케인 카트리나의 중심 최대 풍속이 초속 78m를 기록했고, 2013년 필리핀을 초토화했던 태풍 하이옌의 최대 풍속이 초속 87m까지 도달했다.

지금까지 우리나라는 슈퍼 태풍의 안전지대였다. 강력한 태풍이 슈퍼 태풍까지 발달했다가도 한반도 쪽으로 북상하면 모두 세력이 약화됐기 때문이다. 하지만 미국 국립해양대기청^{NOAA} 산하 기후데이터센터 ^{CDC} 연구진이 1982~2012년에 발생한 태풍 자료를 분석한 결과, 태풍이 최대 강도에 도달하는 위도가 10년마다 북반구에서 53km씩 북상했다는 사실을 발견했다. 지난 30년간 태풍의 세력이 가장 강한 지점이 약 160km를 북상한 셈이다. 머지않아 슈퍼 태풍이 우리나라에 빈번하게 상륙할지도 모를 일이다.

지구 온난화의 주범인 온실가스가 태풍 발원지인 '웜풀$^{warm\ pool}$'의 팽창에 관여해 슈퍼 태풍의 발생을 늘린다는 연구 결과도 나왔다. 웜풀은 적도 서태평양과 인도양에서 수온이 28℃가 넘는 해역을 말한다. 1953년부터 2012년까지 60년간 위성 자료를 분석한 결과에 따르면, 웜풀 해역이 적도 부근에서 32% 팽창했고 인도양에서는 50%나 늘어났다. 2016년 포스텍 환경공학부 민승기 교수팀은 웜풀의 팽창이 온실가스 때문이라는 사실을 「사이언스 어드밴시스$^{Science\ Advances}$」에 발표했다.

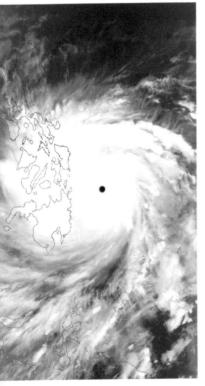

2013년 필리핀을 초토시켰던 슈퍼 태풍 하이엔
ⒸNASA

⁝ 세계 곳곳, 최악의 대홍수

태풍은 폭우를 동반하면서 홍수, 산사태 등을 일으키기 때문에 태풍이 강력해질수록 대홍수가 일어날 가능성도 커진다. 홍수는 주로 태풍, 장마 전선 등의 영향으로 폭우가 많이 내리는 여름에 발생한다. 하지만 최근에는 홍수가 일어나는 시기가 계절에 관계없고 그 규모도 커지고 있다. 예를 들어 2011년 7월에 시작된 열대성 폭우로 인해 태국 북부와 북동부에 엄청난 양의 비가 쏟아지면서 태국의 수도 방콕을 물바다로 만들었는데, 이 대홍수 사태는 거의 4개월간 계속됐다.

2015년 12월에는 미국과 남미 곳곳에서 홍수 사태가 벌어졌다. 미국 미주리주는 평균 254mm의 폭우가 내려 강물이 넘치고 둑이 무너지는 바람에 1993년 이래 22년 만에 대홍수 피해를 입었다. 남미 지역에도 수십 년 만에 최악의 홍수가 일어나 17만 명이 대피하기도 했다. 우루과이 강이 100년 만에 가장 높은 수위를 기록해 아르헨티나에서도 1만여 명이 피신했다. 몇 주 동안 비가 쏟아진 파라과이에서는 홍수로 인명 피해가 속출했고 파라과이 강이 범람하면서 수도 아순시온 일부 지역에서 전기 공급이 끊어지기도 했다.

유럽도 대홍수에 시달렸다. 2014년 5월 발칸 반도 중부 보스니아와 세르비아 일대에 12년 만에 최악의 홍수가 발생했다. 3개월치 분량의 비가 한꺼번에 쏟아져 내리면서 100만 명의 이재민이 피해를 입었다. 2016년 6월 초 프랑스 파리에서는 35년 만의 대홍수가 발생해 센강 수

2011년 태국 방콕에서 일어났던 홍수 ⓒtopten22photo

위가 6m를 넘어섰고 루브르 박물관이 잠정적으로 폐쇄되기도 했다. 프랑스 기상 당국은 2016년 5월 강수량이 150년 만에 최대치를 기록했다고 발표했다. 일부 전문가들은 일련의 대홍수가 지구 온난화 때문이라고 지적했다. 미국 프린스턴대 기후학자 마이클 오펜하이머Michael Oppenheimer는 기후 변화가 진행될수록 폭우와 홍수는 어떤 '새로운 표준new normal'으로 자리 잡을 것이라고 말하기도 했다.

2018년 여름에는 일본 서남부, 중국 베이징, 미얀마, 인도 등에서 폭우로 인한 기록적인 홍수가 발생했다. 7월 초에는 일본 서남부에 3~4일간 1600mm 이상의 집중 호우가 내려 홍수와 산사태가 일어나 220명 이상 사망했다. 이는 1982년 나가사키 수해 이후 36년 만에 벌어진 최악의 수해였다. 7월 중순에는 중국 베이징 주변에 20년 만에 최대 강수량의 폭우가 쏟아져 홍수가 일어났고, 7월 하순에는 미얀마에 쏟아진 폭우 때문에 중부와 남동부 일대에 50년 만의 홍수가 덮쳐 10만여 명의 이재민이 발생했다. 8월 중순에는 인도 남부 케랄라주에는 평상시보다 2.5배나 많은 비가 내려 100년 만의 대홍수가 일어났고, 이로 인해 최소 300명이 사망했으며 20만 명 이상의 이재민이 생겼다. 2022년 여름 파키스탄에서는 우기에 예년보다 엄청 많은 비가 쏟아져 국토의 3분의 1이 물에 잠기고 1300여 명이 목숨을 잃는 최악의 홍수가 발생했다.

⁝ 겨울 한파는 제트 기류가 약해진 탓

2016~2017년 겨울에는 유라시아, 북미 지역에 최악의 한파가 찾아왔다. 러시아는 모스크바 인근 지역이 영하 41℃, 폴란드는 영하 30℃를 기록했고, 폴란드에서는 한파로 50명 이상 사망했으며, 이탈리아, 터키는 한파로 항공기, 여객선, 기차, 자동차의 운행을 통제하기도 했다. 한겨울에도 영상권을 유지하는 지중해 연안국들도 눈 속에 파묻혔는데, 지중해 연안국 중 하나인 그리스는 영하 19℃를 기록하기도 했다. 미국 등 북미 지역에서는 20년 만의 최악 한파가 예고된 가운데 심한 눈보라 속에 크리스마스를 맞았고, 유타주와 아이오와주에는 20cm가 넘는 눈이 쌓였다. 일본 홋카이도에는 50년 만의 최대 폭설이 쏟아져

지구 온난화로 인한 피해

100cm에 가까운 적설량을 기록하기도 했다.

북극에서 차가운 기운이 내려와 유라시아와 북미 대륙에 무서운 위력을 떨치며 세계 곳곳에서 '화이트 크리스마스'가 펼쳐졌다. 반면 북극은 이상 고온 현상을 보이며 '가장 따뜻한 크리스마스'를 기록했다. 2016년 12월 25일 북극은 대부분 지역에서 0℃를 넘어섰고 일부 지역에서는 영상 10℃까지 올라갔기 때문이다. 북극에서 한겨울에 초봄 기온을 기록한 이유는 바로 지구 온난화 때문이다.

미국 국립해양대기청NOAA 제임스 오버랜드James Overland 연구원은 이 현상을 '따뜻한 북극, 차가운 대륙'이라 규정했다. 그는 따뜻한 공기로 인해 극지 제트 기류가 약해지면서 북극의 찬 공기를 가두는 '극 소용돌이polar vortex'도 약해져 대륙에 한파가 발생한 것이라고 설명했다. 극 소용돌이는 극지방의 차가운 공기를 감싸는 저기압 소용돌이를 말하며, 극지 제트 기류는 극지방의 상공을 둘러싼 채 수평으로 구불거리며 부는 강한 공기의 흐름(편서풍대)을 말한다. 일반적으로 극지 제트 기류가 강하면 찬 공기는 극지방에 머물지만, 지구 온난화로 인해 제트 기류가 약해지면 차가운 공기가 남쪽으로 쏟아져 내려와 한파를 일으킨다. 다시 말해 2016~2017년 겨울 한파는 북극 온난화 때문에 제트 기류가 약해져 극 소용돌이가 남쪽으로 늘어지면서 찬 공기가 유라시아와 북미 대륙에 침투했다는 것으로 분석된다.

놀랍게도 제트 기류는 여름철 폭염과도 관련이 있다. 물론 그 메커니즘은 겨울 한파와는 다르다. 극지연구소 김백민 책임연구원에 따르면, 여름철에는 제트 기류의 약화로 인해 수증기를 이동시키는 이동성 고기압과 저기압이 약해져 미국과 동아시아에 폭염과 가뭄이 발생할 수 있다고 한다.

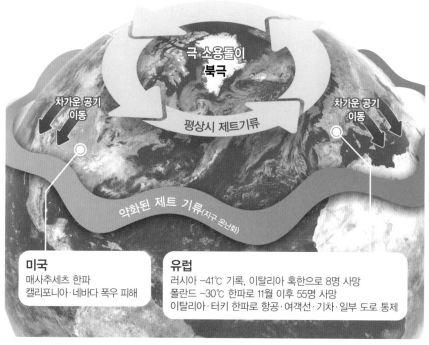

북극 제트 기류와 북미·유럽의 한파

지구 온난화로 인한 피해

다양한 자연 환경 변화

'북극의 눈물'은 지구 온난화로 인해 북극에 있는 빙하가 녹는 모습을 나타내는 동시에 그로 인해 생기는, 북극곰 같은 동물의 아픔을 뜻한다. 지구 온난화에 따라 빙하가 녹고 해수면이 상승하며, 때로는 사막이 늘어나고 생물종이 줄어든다. 자연 환경이 다양하게 변하는 것이다.

인도만 한 해빙이 사라졌다

지구 온난화에 따라 북극과 남극의 빙하가 엄청나게 녹아내리고 있다. 먼저 영구 동토 대륙인 남극 대륙의 주변을 살펴보자. 이곳에는 남극 주변의 바다 얼음, 즉 해빙(海氷)이 있다. 남극 해빙은 남극 대륙을 둘러싸고 있는 남극해의 바닷물이 얼어붙은 얼음판이다.

미국 국립빙설자료센터^{NSIDC}의 데이터를 보면, 남극의 해빙 면적이 2023년 2월 13일 191만km²를 나타내며 역대 최소를 기록했다. 이는 1979년 위성 관측을 시작한 이래 최소치다. 이전의 최저 기록은 2022년 2월 25일 192만km²였는데, 2년 연속으로 최소 기록이 경신된 것이다. 전문가들은 남극 해빙이 2016년부터 가파르게 줄어들기 시작했다고 분석했다.

　북극 주변 얼음도 감소하기는 마찬가지다. 미국항공우주국[NASA]과 NSIDC에 따르면, 북극 해빙의 역대 최소 면적은 2012년 9월 17일에 기록한 339만km²이다. 역시 1979년 위성 관측을 시작한 이래 최소치다. 북극 해빙의 경우 그다음 최소 면적은 2020년 9월 16일에 기록한 382만 km²이다. 매해 9월경 나타나는 최소 면적은 1979년부터 2022년까지 전체적으로 감소하는 추세를 보이는데, 그 추세는 1981년부터 2010년까지의 평균에 비해 10년당 12.6%이다. 해빙 손실량은 연간 오스트리아 면적에 맞먹는 7만 8500km²에 이른다.

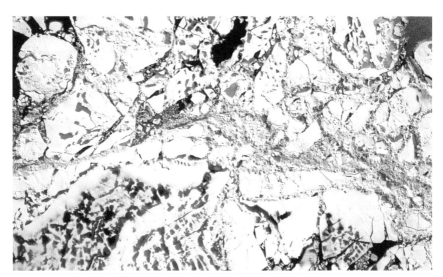

북극해의 거대한 빙산들이 지구 온난화로 녹아내려 갈라지고 있는 모습 ⓒNASA

지구 온난화로 인한 피해

2017년 2월 NSIDC에 따르면, 인공위성 관측 결과 남극과 북극 바다에서 발견되는 얼음 양이 1981년부터 2010년 사이의 평균 얼음 양보다 384만km²만큼 감소한 것으로 드러났다. 이는 우리나라 면적의 38.5배, 미국 알래스카 면적의 2배, 인도 전체 면적에 이르는 해빙이 녹아 사라졌다는 뜻이다. 특히 북극의 빙하 면적은 1025만km²로 관측 사상 2번째로 작아졌으며, 회복 속도도 더딘 것으로 나타났다.

지구 온난화에 따라 극지의 빙하가 녹아 바닷물이 증가하는 동시에 바닷물이 가열돼 팽창하면, 전 세계적으로 해수면이 높아지게 된다. 아시아개발은행ADB이 2017년 2월에 내놓은 '지구 온난화에 따른 해수면 상승이 경제에 미치는 영향과 대응 전략'이라는 정책연구보고서에 따르면, 2016년 2월 기준으로 전 세계 평균 해수면의 높이는 1993년에 비해 74.8mm 상승했다. 바닷물의 열팽창 효과가 지역마다 달라 해수면 상승 정도도 지역별로 다소 차이가 있지만, 전 세계적으로 보면 해수면이 연평균 3.4mm가량 높아진 셈이다. 특히 필리핀 주변의 해수면은 1993~2016년에 무려 122mm나 상승했다.

그렇다면 우리나라 연안에서의 해수면 상승 속도는 어떨까? 해양수산부 국립해양조사원에 따르면, 2016년 우리나라 해수면 평균 상승률은 2.68mm이며, 이는 2015년보다 8% 증가한 것이다. 2016년 해역별 상승률은 동해안 3.35mm, 남해안 3.02mm, 서해안 1.06mm로 조사됐다. 해수면 상승률을 지역별로 보면, 포항 인근 해역이 5.98mm로 가장 높았고, 제주 인근 해역이 5.63mm로 뒤를 이었다. 특히 제주 인근 해역은 38년간 총 21cm나 해수면이 상승한 것으로 나타났다.

극지의 빙하가 녹으면 해수면만 높아지는 것은 아니다. 예를 들어 북극의 빙하가 녹으면 차가운 물이 해류를 타고 흐르면서 수온이 크게 내려가는 해역이 생긴다. 이때 일부 해역만 수온이 내려가면, '수온 양극화'가 발생해 주변 생태계에 영향을 미친다. 또한 북극 빙하가 녹으면 빙하에 포함돼 있던 온실가스가 대기 중으로 빠져나온다. 빙하는 햇빛을 반사하는 역할도 하는데, 빙하가 줄면 지구 기온이 높아지고 지구 온난화는 심해질 수밖에 없다.

⁞ 전 세계 육지의 40% 사막화

지구 온난화는 사막화를 가속화하는 것에도 영향을 미치고 있다. 사막화 현상은 기존의 사막이 점점 넓어지거나 가뭄과 기상 이변으로 농토 등이 사막으로 변하는 것이다. 산림 벌채, 지나친 경작과 목축 등으로 사막화가 진행되고 있으며, 극심한 가뭄과 장기간에 걸친 건조화 현상도 사막화를 부추기고 있다. 특히 사막화 현상은 전 지구에 황사 현상을 일으킬 뿐 아니라 전 지구적인 기후 변화도 유발시킨다.

사막화로 인해 숲이 사라지면 지표면이 태양에너지를 더 많이 반사하고 이에 따라 지표면의 온도가 떨어진다. 냉각된 지표면에는 건조한

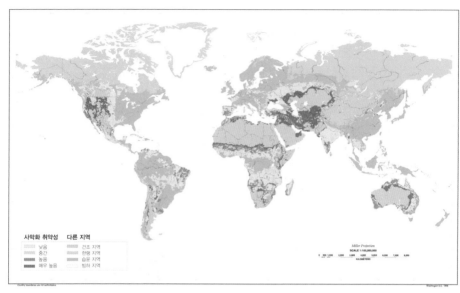

사막화 지도 ⓒUSDA

하강 기류가 발생하고 강우량이 줄어 사막화는 더 심해진다. 유엔 사막화방지협약^{UNCCD}에 따르면, 해마다 전 세계적으로 6만km²의 토지가 사막화되고 있다. 이미 사막화된 면적은 전 세계 육지의 약 40%에 이른다. 특히 아프리카에서 1286만km², 아시아에서 1672만km², 라틴아메리카와 카리브해 지역에서 513만km²가 사막화된 것으로 파악되고 있다.

특히 1968년부터 5년간 극심한 가뭄이 발생해 아프리카 사하라 사막 주변의 사헬 지역이 점차 사막화되면서 사막화에 대한 국제적 인식이 높아졌다. 1977년 케냐의 나이로비에서 UNCCD가 열린 이래 전 세계적으로 사막화를 방지하기 위해 노력하고 있는데, 최근에는 지구 온난화로 인해 사막화가 심해지고 있다는 보고가 이어지고 있다.

　우리나라에 황사를 몰고 오는 중국과 몽골의 사막화도 심각하다. 중국 영토의 18.2%인 174만km²가 이미 사막으로 변했다. 중국의 사막화 속도에 대한 연구결과를 살펴보면, 1960년대 이전에 1560km², 1970~1980년대 2100km²의 면적이 사막화됐으며, 현재는 해마다 서울의 4배나 되는 2460km²의 면적이 사막으로 바뀌고 있다. 몽골은 1990년에만 해도 사막화 정도가 46%에 불과했는데, 현재는 전 국토의 90%가 사막화된 상태라고 한다.

　황사는 중국 서북부의 네이멍구 사막, 몽골 남부의 고비 사막 지대에서 편서풍을 타고 모래(흙)가 날아오는 현상이다. 한번 발생하면 100만 톤의 흙먼지가 동아시아 상공을 뒤덮고, 이 중 8만 톤이 한반도에 쏟아진다. 문제는 지구 온난화에 따라 우리나라의 황사 발생 일수가 늘고 있는 것이다. 기상청에 따르면, 연평균 황사 발생 일수가 1981~1990년 2.9일, 1991~2000년 5.3일, 2001~2010년 9.8일을 각각 기록했다. 화석 연료 과다 사용, 지구 온난화 등으로 중국과 몽골의 사막화가 급속히 진행되고, 애초 가뭄이 심한 봄에 발생하던 황사가 지구 온난화로 건기가 늘면서 가을과 겨울에도 찾아오고 있기 때문이다. 더구나 발원지에서 발생한 황사 입자 중에서 우리나라까지 이동해 오는 것은 주로 1~10μm 크기의 미세먼지다.

⁝ 매년 수만 종씩 멸종

기후 변화는 지구 생태계에 큰 영향을 미치고 있다. 2010년 유엔 생물다양성협약[UNCBD] 보고서에 의하면, 기후 변화에 따른 지구 온난화로 1970~2006년에 지구 생물종의 31%가 사라졌다고 한다. 이는 매년 2만 5000~5만 종의 생물이 멸종되고 있다는 뜻이다.

사실 생물 다양성과 생태계 서비스의 근간이 되고 있는 '자연이 잘 보전된 구역'도 사라지고 있다. 2016년 9월 호주 퀸즐랜드대 제임스 왓슨[James Watson] 교수팀이 국제 학술지 「커런트 바이올로지」에 발표한 바에 따르면, 1993년 이래 지구상에서 '인위적인 침해 없이 자연이 잘 보전된 구역'이 약 330만km² 사라졌다. '자연이 잘 보전된 구역'은 도시화, 농업, 광업, 벌목 등의 인간 활동이 없는 구역을 의미하는데, 기후 변화의 충격을 완화하는 기능도 하고 있다.

환경 파괴, 개발 등의 인간 활동으로 인해 자연에 서식하는 생물종은 위기에 처해 있다. 국제자연보전연맹[IUCN]은 멸종 위기에 처한 생물종은 8만 종에 이르며, 그중 2만 3500여 종이 멸종 직전 상태에 있다고 밝혔다. 생물 다양성 감소, 생태계 파괴가 가속화되고 있는 원인 중 하나는 지구 온난화다.

지구 온난화 탓에 세계 최초로 공식적인 보호를 받은 동물은 북극곰이었다. 2008년 5월 미국 내무부는 북극곰을 멸종 위기에 처한 동물로 공식 등록했다고 발표했다. 이런 결정을 내린 배경에는 지구 온난화가 있었다. 지구의 평균 기온이 높아지면서 북극의 빙하가 녹아 북극곰의 서식지가 사라졌기 때문이다. 실제로 북극해의 해빙은 북극곰이 바다표범을 사냥하거나 암수의 북극곰이 짝짓기를 하는 데 이용된다.

지구 온난화로 인해 수온이 상승하면서 바다 생태계도 변화하고 있다. 먼저 연안 암반에 살던 해조류가 죽고 그 위에 석회질의 홍조류가 과다하게 번식해 암반을 딱딱하게 뒤덮는 현상(갯녹음)이 발생한다. 이 홍조류는 살아 있을 때 분홍색을 띠지만, 죽은 뒤엔 흰색으로 바뀌므로 갯녹음이 발생한 해역에서는 하얗게 뒤덮인 암반이 흔하게 발견된다. 이 때문에 갯녹음은 '백화 현상'으로도 불린다. 이는 연안 생태계를 파괴해 수산 생물 서식지를 감소시키기 때문에 '바다 사막화'라는 표현도 쓴다. 대표적인 사례는 무려 1500km에 걸쳐 광범위하게 갯녹음이 발생한 미국 캘리포니아주 연안이다.

우리나라 연안의 바다 사막화 현상도 심각하다. 2014년 한국수산자원관리공단의 조사 결과, 동해안 연안의 62%가 갯녹음 피해를 입었다고 한다. 구체적인 피해 면적은 여의도 면적의 36배에 이르는 105km²이다. 또 남해안 연안은 33%(2015년 조사), 제주도 연안은 34%(2016년 조사)에서 갯녹음 현상이 발견됐다. 서해를 제외한 우리나라 연안의 절반이 사막화된 것이다. 해양수산부는 국내 연안에서 매년 최소 12km²의 해역이 추가로 갯녹음 피해를 입는 것으로 파악하고 있다.

지구 온난화로 인한 피해

생활 환경 변화와 사회 문제

지구 온난화는 자연 환경의 변화이자 '사회 문제'이기도 하다. 대다수 사회 구성원들이 바람직하지 못하거나 해결돼야 한다고 여기는 사회 현상으로, 발생 원인이 사회에 있고 인간의 노력으로 해결이 가능하기 때문이다. 지구 온난화는 농촌과 도시를 막론하고 인간의 생활 환경과 사회를 바꿔 놓고 있다. 예를 들어 농작물의 재배지가 변하고 있으며, 도시의 대기 오염도 심해지고 있다. 특히 지구 온난화로 인한 피해는 저개발 지역, 취약 계층에 더 크게 미친다.

농작물 지도, 수산물 지도가 바뀌다

지구 온난화는 농업에도 영향을 미치고 있다. 농작물 수확에 이상이 생기거나 농작물 재배지가 변화하고 있는 것이다. 지구 온난화로 아프리카의 탄자니아와 모잠비크는 가뭄이 심화되고 작물 재배 기간이 짧아졌으며, 콜롬비아 같은 나라는 작황이 안 좋아지기 시작했다. 예를 들어 감자의 경우 북반구에서 생산이 늘어나는 반면, 아프리카, 서아시아와 동아시아, 중남미 북쪽은 작황이 타격받고 있다. 세계적 쌀 수출국인 베트남은 쌀 생산량이 줄어들고 있다. 베트남에서 쌀 생산의 80%를 차지하는 메콩델타 지역은 기후 변화 탓에 해수면이 상승해 해안에 있던 경작지들이 많은 부분 바닷물에 잠기고 있기 때문이다. 일본의 경우는 지구 온난화의 영향으로 농작물 산지가 변하고 있다. 따뜻한 곳에서 재배하는 키위, 피망 등은 산지가 북상하는 경향을 보이고, 더위에 약한 사과, 서양배 등은 전국적으로 수확량이 줄고 있다.

우리나라도 지구 온난화의 영향을 받아 농작물 지도가 바뀌고 있다. '감귤은 제주', '사과는 대구', '고랭지 배추는 강원도'와 같은 말이 사라지고 있거나 사라질 위기에 놓였다. 사과, 복숭아, 감귤 등의 과일뿐 아니라 고랭지 무·배추, 겨울 감자, 쌀보리, 녹차 등 작물의 한계 재배지가 이미 북상한 지 오래됐기 때문이다.

한때 제주에서만 재배했던 감귤은 전남, 경남은 물론 전북까지 재배 지역이 확대되고 있다. 2016년 기준으로 감귤 재배 면적은 제주 2만 1000ha(210km²), 전남 70.6ha, 경남 37.1ha, 전북 11.1ha를 기록했다. 역시 제주에서만 재배되던 한라봉도 전남을 거쳐 전북 김제까지 북상했다. 온대 과일인 사과는 대구에서 사라진 지 오래이며, 청송, 양양, 상주, 안동 등지 경북 북부권으로 재배지가 바뀌었고, 파주, 포천, 연천 등 경기 북부 지역에서도 대량 재배되고 있는 추세다. 복숭아는 냉해를 입을 가능성이 줄면서 경북에서 경기, 강원까지 한계 재배지가 북상했고,

지구 온난화로 인한 피해

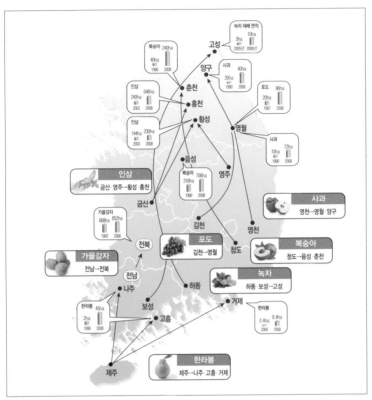

온난화로 인한 농작물 주산지 변화

역시 추위에 약한 포도는 강원 영월에서도 재배된다. 멜론은 전남 곡성에서 강원 양구까지 재배지가 북상했다.

과일뿐만 아니라 다른 농작물도 마찬가지 양상을 보인다. 1985년 이전 제주 지역에서만 생산된 월동 배추, 겨울 감자는 남부 해안 지방에서도 대량으로 재배되고 있다. 쌀보리 역시 충청 이남에서 경기 북부 지역으로 재배지가 바뀌었고, 녹차는 전남 보성에서 강원 고성까지 재배지

지구 온난화, 어떻게 해결할까?

가 북상했다. 고랭지 배추는 지구 온난화로 인해 재배 지역이 갈수록 강원 지역에 편중되는 가운데 재배 면적도 2001년 1만 234ha에서 2010년 4929ha로 10년 사이에 절반가량으로 줄었다.

반면, 재배가 늘어나고 있는 것도 있다. 옥수수의 경우에는 보통 여름에 한 번 수확했으나, 현재는 1년에 2번 수확하는 것이 가능해졌다. 지구 온난화로 여름이 40년 전보다 19일이나 길어졌기 때문이다. 7월 중순에 옥수수를 1차로 수확한 뒤, 다시 파종해 10월 중순쯤 2차로 거둬들일 수 있다.

벼도 너무 잘 자라고 있다. 벼 재배 면적이 줄었는데도 2013년부터 4년 연속으로 쌀 수확량이 420만t을 넘어 '대풍(大豊)'을 기록했다. 지구 온난화로 인해 우리나라의 기후가 벼가 자라기에 적합해져 생산성이 올라갔기 때문이다. 벼는 동남아의 고온다습한 기후에서 잘 자라는 작물이다. 국내에서 쌀 소비가 줄고 있는데, 대풍으로 쌀 재고량이 늘면서 쌀값이 떨어져 농민들이 힘들어하고 있다.

열대·아열대 작물의 경우에는 재배 면적이 늘고 있다. 2013년 기준으로 20여 종의 열대·아열대 작물의 재배 면적이 283.2ha에 이른다. 골드키위, 울금, 망고, 여주, 용과 등의 순으로 많이 재배한다. 망고는 안동에서도 자라고, 무화과는 전남 영암에서 경북 영덕까지 재배 지역이 북상했다. 전남에서는 파파야, 연무 등 아열대성 과일의 시험 재배에 들어가기도 했다.

한편 한반도 해역의 수온이 오르면서 수산물 지도도 바뀌고 있다. 한류성 어종인 명태가 남한 해역에서 1990년대 이후 '씨가 마른' 반면, 난류성 어종인 전갱이는 동중국해로 가서 월동을 하지 않고 겨울에도 남해 연안에 머물고 있다. 난류를 따라 남해에서 잡히던 멸치는 울릉도 근해에서 포획되고 있으며, 일본 혼슈 이남에 살던 다랑어는 울산 앞바다에서도 잡히고 있다. 요즘은 난대성 해파리가 해수욕장에 자주 출몰해 피서객들을 위협하고 있다.

⁞ 물 부족, 전력 소비 증가 그리고 대기 오염 악화

최근 지구 온난화로 물은 부족하고 에너지 사용량이 늘어나고 있어 지속 사용 가능성이 위협받고 있다. 기후 변화는 물 분야에 여러 가지 영향을 줄 수 있다. 지구 온난화로 인해 수질이 악화될 수 있고, 기온이 높아지면서 물의 증발량이 늘어나 지표수와 지하수가 부족해짐으로써 가용 수량이 감소할 수 있으며, 이에 따라 가뭄 지역에 더 심한 타격이 가해질 수 있다. 결국 가뭄 지역이 증가함에 따라 수자원 스트레스가 높아질 수 있다.

우리나라는 좁은 국토에 과다한 인구가 살고 있어 토지나 수자원 등 자원의 이용 강도가 높으므로 기후 변화로 인한 물 문제가 심각하게 발생할 수 있다. 최근 10년 동안 연평균 호우 일수가 평년에 비해 증가했지만, 연평균 강수량이 증가한다 해도 기온 상승에 의해 증발량이 많아져 가뭄이 늘어날 수 있다. 특히 국제인구행동연구소[PAI]에 따르면, 우리나라는 1인당 물 사용 가능량이 부족해 물 부족 국가(물 스트레스 국가)로 분류된다.

또한 최근에는 기후 변화로 여름철 폭염과 열대야 일수가 늘어남에 따라 냉방 전력 소비가 증가하는 추세에 있다. 우리나라는 전력 사용량이 꾸준히 늘고 있는데, 특히 2000년 이후 최대 전력 사용량이 매년 최대치 기록을 갈아치우고 있다. 2000년 4101만kW를 기록했던 최대 전력 사용량은 2016년 8518만kW로 2배 이상 증가했다. 매년 최대 전력 사용량이 평균 270만kW 늘어난 셈이다.

기후 변화는 대기 오염을 더 악화시킨다는 연구결과도 있다. 2014년 6월 미국 스탠퍼드대 연구진이 기후 변화에 따른 대기 오염 정도를 추적한 논문을 국제 학술지 「네이처 기후 변화」에 발표했다. 연구진은 15종의 지구 기후 모델을 이용해 기후 변화에 따라 대기 정체 현상이 발생하는 건수와 그 지속 시간을 알아본 결과, 기후 변화로 인해 전 세계 다수 지역에서 대기 오염이 더 악화되고 있는 것으로 밝혀졌다.

⁝ 빈곤 국가, 취약 계층의 피해 커

지구 온난화에 따라 가뭄이 발생하면, 식량 소비와 음식 섭취의 다양성이 줄어들기 때문에 영양 부족이나 미량의 영양소 결핍이 일어난다.

이런 위험은 특히 인도, 방글라데시 등 빈곤 국가에서 심각한 것으로 보고되고 있다. 가뭄 현상이 심해지면 농부들의 경우 자살률이 높아지는 현상도 조사되고 있다.

세계기상기구의 재해 연보를 보면, 자연 재난으로부터 가장 큰 피해를 입는 지역은 주로 남부아시아와 아프리카 지역이다. 대개 빈곤 국가가 있는 아열대나 열대 지역이다. 지구 온난화 때문에 기온이 올라가면 농작물 생산은 줄어들고 노동 생산성도 떨어진다. 깨끗한 물을 구하기도 힘들어지고 질병에 걸릴 가능성도 높아진다.

또한 지구 온난화로 인한 재난 상황에 대처하기 위해서는 냉방 시설, 상수도 시설, 담수화 시설, 재난 대비 인프라, 의료 보건 체계 등을 잘 갖춰야 한다. 그런데 빈곤 국가들은 이런 곳에 투자할 돈이 부족하다. 그러다 보니 자연재해가 발생하면 피해가 훨씬 커진다. 빈곤은 더 심해지고 환경 오염의 악순환은 계속된다.

2012년 세계은행 보고서에 따르면, 그 어떤 나라도 기후 변화로부터 자유로울 수 없지만, 기후 변화가 가져오는 효과는 나라별로 불평등할 것이며 빈곤 국가일수록 그 여파가 클 것이라고 한다. 그렇다면 왜 빈곤 국가들이 기후 변화로부터 더 큰 피해를 입게 될까? 먼저 저위도에 위치한 빈곤 국가들은 더 강력한 극한 기상을 맞닥뜨린다. 예를 들어 적도 해역에서 해수 온도가 상승하면 슈퍼 태풍이 생길 가능성이 높아지는데, 저위도 지역이 중위도 지역보다 피해를 더 크게 입을 수밖에 없다.

또 현재 아프리카나 중동 지역에서는 사막화가 진행되고 있다. 사실 사막화의 가장 큰 피해자는 내전으로 수많은 인명 피해를 입고 있는 아프리카다. 이곳의 빈곤 국가들은 기후 변화에 따른 재해를 막거나 이에 대응할 힘이 부족하다.

빈곤 국가가 강력한 기후 재해를 당할 경우 더 많은 피해가 발생하고 복구조차 하기 힘든 사례는 필리핀에서 찾아볼 수 있다. 2013년 11월 초강력 태풍 하이옌이 필리핀을 휩쓸고 지나갔다. 1만 명이 넘는 사상자, 국가 GDP 16%의 손실 등으로 피해는 상상을 초월했다. 물이나 식량이 제때에 공급되지 못하면서 폭동이 발생했고 전염병이 퍼졌다.

기후 변화, 지구 온난화로 인한 피해는 가난한 국가에서 더 크게 발생하듯이 한 국가 안에서는 가난한 사람, 취약 계층에게 더 집중되는 경향이 있다. 예를 들어 2003년 여름 유럽에서는 극심한 폭염이 발생해 7만여 명이 사망한 것으로 나중에 밝혀졌는데, 65세 이상이면서 가족으로부터 소외돼 있고 가난하고 또 건강 상태가 좋지 않은 사람들, 즉 폭염 취약 계층이 주로 사망한 것으로 나타났다. 그래서 대부분의 선진국에서는 폭염 같은 자연재해에 대한 대책을 세울 때 취약 계층 우선의 원칙을 시행하고 있다. 우리나라의 경우에도 폭염에 의한 사망자 수를 연령별로 분석한 결과 60세 이상의 고령자가 전체의 58.7%를 차지했음에 주목할 필요가 있다. 국내 폭염 대책에서는 저소득 독거노인이 폭염의 주요 취약 계층으로 분류돼 있다.

건강 위협 및 질병 증가

　　기후 변화가 건강에 영향을 미치는 경로는 매우 다양하지만, 크게 직접적 영향, 간접적 영향, 사회경제적 붕괴로 인한 영향으로 나눌 수 있다. 먼저 직접적 영향은 기후 변화로 인해 빈번하게 나타나는 극심한 폭염, 강력한 태풍 또는 홍수 등 특수한 기상 현상에 의한 건강 피해가 있다. 간접적 영향으로는 질병의 원인이 되는 미생물이나 매개 곤충을 비롯한 동물 생태계의 변화, 강수량의 변화로 나타나는 물과 식량의 공급 및 위생 문제, 대기질 변화 등으로 인한 건강 피해가 있다. 사회경제적 붕괴로 인한 영향으로는 해수면 상승 등의 이유로 어쩔 수 없이 주거 환경이 바뀌면서 받는 건강의 악영향이 있다. 몇 년 전 세계보건기구^{WHO}는 기후 변화로 인한 사망자가 세계적으로 연간 16만 명에 이른다는 연구결과를 발표했다.

⁞ 국내 기상 재해 중 사망자 수가 가장 많은 것은?

　　지구 온난화로 인해 여름철 폭염 현상이 증가하면서 건강에 악영향을 주고 있다. 고온에 장시간 노출되면 체열을 조절하는 능력이 급격히 떨어져 열경련, 열사병(일사병) 등이 발생하고 심하면 사망에 이르게 된다. 지역마다 폭염의 발생 빈도가 늘고 있으며, 폭염이 나타나면 사망자가 급증하는 것은 세계적으로 공통적인 현상이다.

대표적인 사례는 수많은 인명 피해를 가져온, 2003년 유럽에서 발생한 폭염이다. 처음에는 프랑스에서 사망자가 1만 4000명 발생한 것을 비롯해 독일, 네덜란드, 벨기에, 이탈리아, 스페인, 포르투갈 등 서유럽 국가 대부분이 폭염 피해를 입어 모두 3만 5000여 명의 사망자가 발생한 것으로 집계됐다. 하지만 추가적인 연구를 통해 실제 사망자 규모

여름철 폭염의 발생 빈도가 늘면서 폭염에 의한 인명 피해도 늘고 있다.

가 초기 예상치보다 더 큰 것으로 확인됐다. 지금은 7만 명 이상의 사망자가 발생한 것으로 평가되고 있다. 이 사례는 기후 변화로 인한 건강 피해가 아프리카, 아시아처럼 보건의료 시스템이 완벽하지 않은 국가에서만 일어나는 것이 아니라 선진국도 예외가 아님을 보여주었다. 이를 계기로 유럽 각국은 건강 경보 체계, 건강 영향 및 환경에 대한 감시 시스템을 강화하고 주거 시설을 구조적으로 개선하며 노년층 관리에 더 신경을 쓰고 있다.

폭염에 의한 인명 피해는 이전에도 있었다. 미국의 경우 1940년부터 2011년까지 연평균 119명이 폭염과 관련해 사망하는 것으로 알려져 있다. 특히 1980년 폭염 기간에 1700명 이상이 사망했으며, 1995년 시카고에서 단지 5일간의 폭염으로 700명 이상이 사망한 것으로 추정됐다. 이 외에도 그리스, 인도, 일본 등에서도 폭염에 의해 수천 명 이상이 사망한 사례가 있다.

우리나라에도 폭염으로 인한 대규모 사망 사례가 있다. 1994년 여름철 서울 지역이 38.4℃를 기록하면서 51년 만에 최고 기록을 갈아치웠고, 7월, 8월 두 달간 30℃를 넘은 날이 46일이었으며, 그중에서 35℃를 넘은 날도 15일이나 됐다. 이 당시 폭염으로 서울에서만 1056명이 숨졌고, 전국적으로 3384명이 죽었다. 이는 우리나라 기상 재해 중에서 가장 많은 사망자 수로 기록돼 있다. 1994년 폭염과 비교되는 것이 2012년 폭염이다. 2012년에는 8월에 폭염이 집중됐다. 통계청

이 집계하는 사망자 통계에서 열사병이 원인으로 분류된 수치를 보면, 1994년에 93명, 2012년에 59명을 기록했다.

지구 온난화가 점점 심해지고 있으니 앞으로 폭염에 의한 피해는 더 커질 것이다. 실제로 질병관리본부가 발표한 바에 따르면, 폭염으로 탈진, 열사병 등 온열 질환을 겪은 환자의 수는 2013년 1189명(사망자 14명), 2014년 556명(사망자 1명), 2015년 1056명(사망자 11명)이었다가 2016년 2125명(사망자 17명)으로 급증했고 2017년 1574명(사망자 11명)으로 나타났다. 2018년에도 역대급 폭염 탓에 온열 질환자는 4526명이 발생했고 48명이 사망한 것으로 집계됐다. 온열 질환자는 2019년에 줄었다가 이후 대체로 증가했고, 2023년 여름(5월 20일~8월 31일)에 발생한 수는 2682명(사망 추정자 31명)을 기록하며 이례적 폭염으로 5년 새 최다였다.

⁝ 기온 상승으로 전염병 증가

많은 전염병이 원인 병원체에 감염된 모기, 파리, 진드기, 빈대, 쥐 등을 매개로 해서 인간에게 전염된다. 기후 변화는 기온, 강수량, 습도의 변화를 일으켜 매개 동물의 수명, 성장, 서식지 및 분포 지역에 영향을 줌으로써 전염병의 전파 시기 및 강도, 분포 변화가 달라진다. 예를 들어 가뭄이 심해지면 위생과 관련된 질병, 곤충 매개 전염병이 증가한다는 것이 보고되고 있다. 또한 세계보건기구는 지구 온난화가 전 지구 생태계에 막대한 영향을 미치며, 지역적으로도 종과 개체 수를 변화시켜 결과적으로 전염병 전반에 영향을 끼친다고 보고했다. 특히 모기, 진드기 등의 분포와 활동 시기에 직접적인 영향을 미친다고 한다.

기온은 매개 동물에 의한 전염병 발생에 가장 큰 영향을 주는 기후 요인이다. 구체적으로 기온은 매개 동물의 생존 능력을 높아지게 한다. 예를 들어 기온이 높아지면 모기가 성충이 되는 비율이 증가하고 발육기간이 단축되며 알의 수도 늘어 결국 모기의 수가 늘어난다. 또한 기온이 높아지면 모기의 행동 양식과 생태계의 조건이 변해 모기의 생존율이 높아진다. 결국 기온 상승으로 모기에 의한 질병 전염 가능성이 높아지는 것이다.

실제로 모기로 매개되는 전염병 중에서 말라리아와 뎅기열의 경우 기후 변화에 따라 기온이 상승하면서 전염 가능 지역과 발병 지역이 증가하는 것으로 밝혀졌다. 최근 북아메리카와 유럽 일부 지역에서 웨스트나일바이러스 West Nile virus 출현이 늘어나고 있는 이유 역시 기후 변화로 인해 매개 모기가 서식하기 쉬운 환경이 조성됐기 때문인 것으로 설명된다.

우리나라에서는 보건 위생이 강화되고 백신이 활용되며 보건 의료 시스템이 강화된 덕분에 전염병이 감소해 왔다. 특히 동물 매개 전염병은 거의 사라졌다. 하지만 1990년대 후반부터 모기, 진드기, 설치류 등이 매개하는 전염병인 말라리아, 쯔쯔가무시증, 신증후군출혈열, 렙토스피라증 등이 재출현하거나 급증하는 현상이 나타났다. 이 전염병들은 기후 변화와 관련성이 높다고 알려져 있다. 또한 국내에서 기온 상승에 따라 모기 개체 수가 증가하고 모기 활동 시기가 확대되는 현상도 확인되고 있다. 결과적으로 최근 들어 기후 변화가 전염병 발생에 상당한 영향을 미치고 있다는 뜻이다.

대기 오염 물질과 상승 작용 일으켜

기후 변화는 대기 오염에 직간접적으로 영향을 미친다. 기온, 강수량, 구름, 수증기, 바람 등과 같은 기상학적 요인이 대기 중의 화학 반응뿐 아니라 대기 오염 물질의 발생량이나 이동에 영향을 끼치기 때문이다. 예를 들어 기온의 상승은 대기 중의 광화학적 반응(빛에 의해 화학적 변화가 일어나는 반응)을 촉진해 오존 농도를 증가시키고, 오존의 전구물질(어떤 화합물을 합성하는 데 필요한 재료가 되는 물질)인 휘발성 유기 물질과 질소산화물의 자연적 배출량을 높이기도 한다. 실제로 기온이 올라가면 오존 농도가 상승하는 현상은 대도시에서 쉽게 확인되고 있다.

오염 물질 농도의 변화에 미치는 영향 외에도 기후 변화는 대기 오염물질과의 상승 작용을 통해 건강 피해를 더 높이기도 한다. 대기 오염이 건강에 미치는 영향이 고온 현상과 상승 작용을 일으킨다는 연구들이 보고되고 있다. 이탈리아의 로마, 스페인의 바르셀로나와 발렌시아 등에서 수행된 연구결과에 의하면, 아황산가스 농도와 총 사망률 및 심혈

관계 사망률의 관련성이 기온이 높은 기간에 더 높은 것으로 나타났다. 오존 농도와 사망 및 질병 발생률과의 관련성 역시 기온이 높은 기간에 더 높았다.

지구 온난화의 영향을 받아 몽골과 중국의 사막화가 심해지면서 우리나라에 황사, 미세먼지가 더 많이 몰려오고 있다. 미세먼지는 천식과 같은 호흡기 계통의 질병을 악화시키고 폐 기능을 저하시킨다. 특히 초미세먼지(PM2.5)는 입자가 매우 작아 코 점막에 걸리지 않고 흡입 시 폐포(허파 꽈리)까지 직접 침투해 더 위험하다. 최근에는 미세먼지가 폐뿐 아니라 뇌까지 침투한다는 연구결과가 나오고 있다.

기후 변화로 인한 기온 상승은 천식, 알레르기 질환을 악화시키는 원인이 된다. 알레르기의 원인이 되는 식물들의 성장을 촉진해 꽃가루 생성량이 증가하고 이에 따라 대기 중의 알레르기성 오염 물질 농도를 높이기 때문이다. 또한 기온 상승으로 인해 나무, 잡초 등의 개화 시기가 빨라지면서 꽃가루 생성 기간이 늘어 알레르기 원인 물질에 노출되는 기간이 늘어난다.

지구 온난화에 얽힌 국가 간 이해관계

저지대를 가진 섬나라나 낮은 해안을 가진 국가는 지구 온난화에 취약하다. 기온이 올라가 극지의 얼음이 녹고 해수면이 높아지면 침수 위험이 커지기 때문이다. 이런 위험에 빠진 사람들은 어쩔 수 없이 삶의 터전을 옮겨 기후 난민이 되기도 한다. 하지만 지구 온난화는 피해만 입히지 않는다. 작물을 잘 자라게 하거나, 북극이 녹아 새로운 뱃길(북극 항로)이 생기기도 한다.

⁞ 수몰 위기에 처한 군소 도서 국가

지구 온난화가 진행되면서 북극과 남극의 얼음이 녹고 해수면이 높아져 문제가 되고 있다. 특히 해발 고도가 낮은 섬들이 물속에 잠기고 심하면 사라져 버릴 위기에 처해 있기 때문이다. 대표적으로 남태평양의 투발루, 인도양의 몰디브 등이 침수 위험에 직면해 있는 곳이다.

전 세계 섬들 중에서 해수면 상승으로 가장 큰 피해를 입을 것으로 추정되는 섬이 바로 투발루이다. 투발루는 여의도의 약 3배에 불과

해수면 상승으로 가장 큰 피해를 입을 것으로 예측되는 투발루.
사진은 푸나푸티 해변

수몰 위기에 처한 몰디브

한 26km² 면적에 약 1만 명의 인구가 사는 섬나라다. 이 나라는 산호초 섬들의 평균 해발 고도가 2m가 되지 않고 가장 높은 지점도 해발 5m를 넘지 못한다. 이곳의 연간 해수면 상승률은 지난 20년 동안 0.07mm였던 반면, 최근에는 1.2mm로 급격히 높아졌다. 투발루는 총 9개의 섬 중에서 8개가 사람이 사는 섬인데, 현재 2개의 섬이 사라졌고, 수도 푸나푸티도 이미 침수된 상태이다.

몰디브는 세계에서 세 번째로 기후 변화에 취약한 도서로 꼽히고 있다. 몰디브 공화국은 스리랑카 남서부의 인도양에 위치한 작은 섬들의 집합체다. 1190개의 섬이 26개의 산호섬 그룹으로 무리 지어 있으며, 총 면적 300km²에 약 30만 명의 인구가 살고 있다. 평균 해발 고도가 1.5m에 불과한 몰디브는 해수면 상승으로 수몰 위기에 처해 있다.

도서 지역뿐 아니라 해안 지역도 지구 온난화의 위협이 가해지고 있다. 예를 들어 미국의 플로리다주 남동부 해안에 위치한 마이애미는 세계에서 폭풍 해일에 가장 취약한 도시로 알려져 있다. 허리케인 같은 기존의 대규모 폭풍이 자주 발생할 뿐 아니라 기후 변화에 따라 수온이 높아지며 해일의 빈도수가 급증하고 있기 때문이다.

⁝ 기후 난민을 위한 보금자리는?

2009년 덴마크 코펜하겐 기후변화회의에서 '기후 난민'이라는 영화가 상영돼 세계 각국의 지도자들과 과학자들에게 지구 환경에 대한 경각심을 불러일으켰다. 할리우드 다큐멘터리 감독인 마이클 내시Michael Nash가 만든 이 영화는 해수면 상승으로 사라지고 있는 남태평양 섬나라의 모습을 담았다. 또 영국의 비정부기구인 환경정의재단은 '집만 한 곳이 없다 – 기후 난민을 위한 다음 보금자리는 어디인가'라는 보고서를 발간해 기후 변화와 기후 난민의 문제를 세상에 알렸다.

기후 난민은 1980년대 환경 파괴에 대한 관심이 높아지면서 처음 사용된 용어로, 기후 변화로 발생하는 자연재해 때문에 삶의 터전을 잃고 다른 지역으로 이주하거나 떠돌아다니는 사람들을 뜻한다. 투발루의 경우 1만여 명의 투발루 국민이 기후 난민이 될 위험에 처해 있다. 기후 변화로 인해 해수면이 높아지면서 토양에 소금기가 침범해 식수가 부족하고 농작물도 피해를 입고 있으며, 앞으로 40년 안에 국토가 모두 침수할 위기에 빠졌기 때문이다. 이미 10년간 2000여 명이 해외로 이주했고, 투발루 정부는 2002년부터 매년 75명씩 뉴질랜드로 이주시키고 있다.

기후 난민은 육지에서도 발생하고 있다. 전 세계적으로 약 28억 명이 기후 변화로 인한 홍수, 폭풍우, 가뭄 등에 피해를 입어 기후 난민이 될 위험에 놓여 있다. 특히 방글라데시는 국토의 60%가 해발고도 5m에 미치지 못해 홍수 같은 자연재해에 취약하다. 2007년 대홍수와 사이클론(인도양, 아라비아해, 벵골만에서 발생하는 열대 저기압. 태풍, 허리케인처럼 지방에 따라 다른 열대 저기압 이름)으로 인해 농경지와 삼림이 상당 부분 파괴되기도 했다. 또한 강가 주변 지역이 바닷물에 침식돼 주민들은 인근 도시로 이주하고 있다. 2012년 아시아개발은행이 발표한 '아태 지역 기후 변화와 이주에 관한 대처 방안'이란 보고서에 따르면, 지난 2년간 자연재해 때문에 거주지를 옮긴 아시아인이 4200만 명에 이르는 것으로 추정됐다. 2010년 파키스탄에서는 대홍수로 인해 3180만 명의 기후 난민이 생겼다고 한다.

아프리카에서는 해마다 12만km²의 땅이 사막화되고 있으며, 현재 사막화가 사바나 초원 지대로 확대되고 있다. 사막화를 막지 못하는 곳에서 살고 있는 주민들은 모두 기후 난민이 돼 그 지역을 탈출해야 한다.

⁑ 북극 항로가 열리고 있다

지구 온난화로 인해 북극의 빙하가 녹고 있다는 것은 잘 알려져 있다.

북극의 해빙이 녹아 북극곰이 갈 곳을 잃고 허둥대는 모습은 익숙하지만, 북극 해빙이 줄어들면서 북극 항로가 열리고 있다는 사실은 낯설다.

북극 항로는 북극해를 통해 극동(또는 북미)과 유럽을 잇는 뱃길을 뜻한다. 크게 북동 항로와 북서 항로로 나뉘는데, 북동 항로는 러시아 해역을 통해 아시아와 유럽을 잇는 뱃길이고 북서 항로는 캐나다 해역을 통해 북미와 유럽을 잇는 뱃길이다.

우리나라가 기존 항로 대신 북극 항로를 이용해 유럽으로 화물을 수송할 경우 운항 거리와 운항 일수가 단축되고 연료비와 물류비가 절감된다. 예를 들어 부산에서 출발해 네덜란드 로테르담까지 간다고 할 때, 인도양을 거쳐 수에즈 운하를 통과하는 기존 항로는 운항 거리가 2만 2000km에 달해 운항 일수가 40일이나 되는 반면, 북극해의 러시아 해역을 거치는 북극 항로(북동 항로)는 운항 거리가 1만 5000km로 운항 일수가 30일에 불과하다. 기존 항로에 비해 북극 항로를 이용하면 운항 거리가 32% 줄고 운항 일수가 10일 줄어 선박의 연료비를

항로 지도

지구 온난화로 인한 피해

비롯한 전반적인 물류비를 절감할 수 있다. 북극 항로를 통해 운항 시간과 비용을 줄일 수 있는 효과는 아시아와 유럽 지역뿐 아니라 북미에 있는 미국, 캐나다와 유럽의 해상 교역에서도 얻을 수 있다.

흥미롭게도 북극 항로를 이용한 이점은 우리나라의 지리적 위치 덕분에 누릴 수 있다. 아시아 지역을 기준으로 한다면 홍콩 이북에 있는 국가들만 북극 항로를 이용할 때 절감 효과를 볼 수 있기 때문이다. 예를 들어 태국, 베트남, 캄보디아의 경우에는 북극 항로보다 수에즈 운하를 통과하는 기존 항로를 이용하는 것이 거리적으로 유리하다.

물론 북극 항로를 안전하게 이용하기 위해서는 해결해야 할 과제가 있다. 먼저 해빙으로 항로가 막혀 있으면 얼음을 부수는 데 사용하는 쇄빙선이 필요하다. 쇄빙선은 건조 비용이 일반 선박에 비해 5배가량 더 많이 든다. 우리나라는 '아라온호'라는 쇄빙선을 취항시켜 북극 항로를 탐사하고 있다. 쇄빙선을 따라가는 선박도 보통 선체로는 이동하기 힘들어 새롭게 설계된 것이어야 한다. 또한 빙하나 안개가 출현해 선박이 정시에 운항하는 데 장애 요인이 될 수 있다. 북극해를 통과하기 위해서는 유빙 정보를 비롯해 극 지역의 기상 정보를 확보해야 한다. 이런 과제를 잘 해결한다면, 북극 항로는 우리나라 해상 운송 분야의 새로운 기회가 될 것이다.

지구 온난화, 어떻게 해결할까?

지구 온난화로 인해 자연 환경, 기후 또는 기상, 생활 환경, 사회 등이 변하고 있다. 생물종이 감소할 뿐 아니라 인간의 질병이 증가하며, 특히 저개발 지역, 취약 계층이 피해를 더 많이 입고 있다. 지구 온난화에는 국가 간의 이해관계도 얽혀 있다.

기상 재해는 지구 온난화에 따라 더 심해지고 있다. 호우, 태풍, 대설, 황사 등과 같은 기상 현상으로 일어나는 큰 피해를 기상 재해라고 한다. 기상 재해는 중학교 2학년 과학 교과서의 '재해·재난과 안전' 단원에서 언급되고 있다. 이 단원은 2015년 개정판 중학교 과학 교과서에 신설된 통합 단원 중 하나다. 재해·재난 사례를 조사한 뒤 과학적으로 그 원인을 분석하고 대처방안을 세우도록 한다.

초등학교 5, 6학년에서는 날씨와 우리 생활에 대해 배우며, 날씨가 우리 생활에 어떤 영향을 미치는지, 날씨에 따라 생활 모습이 어떻게 달라지는지, 날씨가 사람에게 어떤 영향을 미치는지를 알게 된다. 반대로 사람의 활동으로 지구 온난화가 생기고 이에 따라 날씨가 달라지고 심한 경우 기상 재해가 발생한다는 사실에 대해서도 생각해 보면 좋겠다.

고등학교 지구과학 I 교과서에서는 대기와 해양의 상호작용에 대해 심층적으로 학습한다. 대기와 해양 간의 상호작용을 통한 에너지와 물질의 교환을 이해하며, 산업 혁명 이후 화석 연료의 과도한 사용에 의해 대기 중의 이산화탄소 농도가 증가하고 이에 따라 온실 효과가 강화돼 지구 온난화가 진행된 결과로 생태계 변화, 빙하 감소, 해수면 상승 등이 발생한다는 것을 알게 된다.

Chapter 03

지구 온난화에 의한 피해는 현재에도 나타나고 있지만, 대기 중의 이산화탄소를 줄이지 못한다면, 미래에는 그 피해가 눈덩이처럼 커질 것이다. 지금 당장 이산화탄소 같은 온실가스의 배출을 막는다 해도 기후 변화는 수백 년간 지속될 것이라고 전문가들은 경고한다. 지구 온난화가 미래에 미칠 영향은 어떨지 자세히 살펴보자.

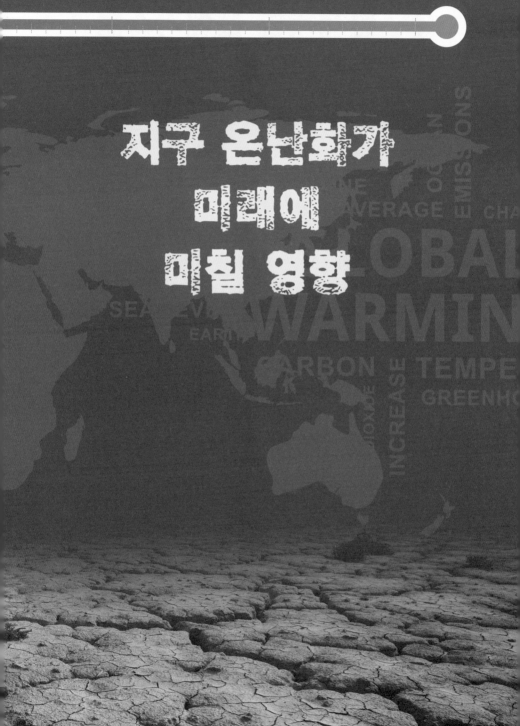

지구 온난화가
미래에
미칠 영향

현재처럼 온실가스를 배출한다면 지구의 미래는?

기후 변화에 관련된 분석과 예측이 나올 때마다 거론되는 국제 단체가 바로 '기후 변화에 관한 정부 간 협의체Intergovernmental Panel on Climate Change, IPCC'이다. IPCC는 지금까지 6차례에 걸쳐 기후 변화 위험을 알리는 과학적 보고서를 발표했다. 특히 6차 보고서에는 현재처럼 온실가스를 계속 배출할 경우 지구의 미래가 어떻게 될지를 구체적으로 전망했다.

⁑ IPCC의 5차례 보고서

1988년 세계기상기구WMO와 유엔환경계획UNEP이 함께 설립한 IPCC는 1990년 이래 5, 6년 간격으로 기후 변화 평가보고서를 발간해 왔다. 특히 2007년 IPCC는 그동안 인간이 기후 변화에 미친 영향을 연구하고 기후 변화 문제를 해결하기 위한 초석을 다지는 데 노력한 공로를 인정받아 앨 고어Al Gore 미국 전 부통령과 함께 노벨평화상을 수상했다. 그해 2월 IPCC가 발표한 4차 보고서는 매우 충격적이라서 많은 사람들이 기후 변화의 심각성을 깨닫는 계기가 되기도 했다.

지구 온난화, 어떻게 해결할까?

IPCC의 주 임무는 인간 활동에 따른 기후 변화의 위험을 평가하고, 유엔기후변화협약UNFCCC의 실행에 관련된 문제들에 대해 보고서를 작성하며, 이 보고서의 과학적 정보를, UNFCCC에서 국가 온실가스 배출량 감축에 대한 방법론을 결정하는 데 제공하는 것이다. IPCC가 발표한 보고서는 모두 인간 활동이 기후에 미치는 영향을 과학적·기술적·사회경제학적으로 분석한 결과를 담고 있다.

제1차 보고서는 1990년에 발표됐다. 이에 따르면, 앞선 100년간 지구 표면 근처의 대기 평균 온도가 0.3~0.6℃ 높아졌고 해수면은 10~25cm 상승했다. 또한 산업 활동 등을 통해 화석 연료가 지속적으로 사용된다면 이산화탄소 배출량이 해마다 1.7배가량씩 증가할 것이라고 전망했다.

1995년 발표된 제2차 보고서는 WMO가 개최한 스페인 마드리드 회의에서 초안이 마련됐다. 이 보고서에는 지구 온난화의 주요 원인 중 하나가 인간이라는 점을 명시하고 있다. 또한 온실가스가 당시 추세대로 증가한다면, 2100년 지구 평균 기온은 0.8~3.5℃ 높아지며, 해수면은 15~95cm 상승할 것으로 전망했다.

2000년대에 발표된 보고서들은 기후 변화에 사람들의 이목을 집중시켰다. 2001년 중국 상하이 기후 변화 회의에서 발표된 제3차 보고서에는 기후 변화가 자연적 요인이 아니라 인간 활동에서 나오는 물질(온실가스) 때문이라는 연구결과를 담았다. 만일 온실가스를 같은 속도로 계속 배출한다면 21세기 내에 과거 1만 년 동안 발생했던 것보다 더 심한 기

지구 온난화가 미래에 미칠 영향

후 변화를 겪게 될 것이라고 예측했다. 또한 지구 평균 기온이 이후 100년간 1.4~5.8℃ 높아지고, 이로 인해 해수면도 9~88cm로 상승해 세계 각지의 해안 저지대가 수몰될 수 있다고 분석했다.

2007년 프랑스 파리에서 발표된 제4차 보고서에는 재난 수준의 기후 변화가 일어날 것이라는 경고를 담았다. 화석 연료에 의존하는 경향을 유지할 경우 21세기 말의 기온은 20세기 말에 비해 최대 6.4℃ 높아지고 해수면은 최대 59cm 상승할 것이며, 폭염, 가뭄, 홍수 등 극한 기상 현상이 이어질 것이라고 전망했다.

2014년 덴마크에서 발표된 5차 보고서에는 지구 온난화는 논란의 여지가 없을 정도로 명백하며 이는 인간의 산업 활동으로 인해 일어나는 것이라고 쐐기를 박았다. 특히 온실가스 감축 정책에 따라 달라지는 미래 시나리오를 제시했다. 온실가스를 당장 적극적으로 감축할 경우(RCP 2.6), 감축 정책이 상당히 실현될 경우(RCP 4.5), 어느 정도 실현될 경우(RCP 6.0), 현재 추세대로 온실가스를 배출할 경우(RCP 8.5)에 대해 각각 시나리오를 만들었다. RCP 8.5 시나리오에 따르면, 21세기 말 지구 평균 기온은 현재보다 무려 3.7℃ 높아지고, 해수면은 평균 63cm, 최대 82cm까지 상승할 것으로 예측됐다.

지구 온난화, 어떻게 해결할까?

⋮ IPCC 6차 보고서에 따른 예측

2023년 3월 스위스 인터라켄에서 발표된 IPCC 제6차 평가보고서에는 각국 정부가 마련한 온실가스 감축 계획을 전부 실행한다 해도 2040년 이전 지구의 표면 온도가 산업화 이전에 비해 1.5℃ 상승할 것이라는 비관적 전망이 담겨 있다. 이 보고서에서 제시한 새로운 기후변화 시나리오는 이전보다 한층 더 정교해졌다.

5차 보고서에서 제안한 대표농도경로^{RCP} 개념에 미래 사회·경제 변화와 기후변화 완화 노력(온실가스 감축 정책)을 추가해 공통사회 경제경로Shared Socio-economic Pathways, SSP 시나리오를 내놓았다. 구체적으로 미래 기후변화에 따른 인구, 경제, 토지 이용, 에너지 사용 등 사회·경제 지표의 정량적 변화를 포함하며, 기술, 사회적 인자, 정책, 복지, 제도, 생태계, 자원 등 다양한 사회·경제 요소의 변화도 고려한다. SSP 시나리오는 모두 5개 시나리오로 구분되는데, SSP 뒤에 숫자가 2개 붙는다.

먼저 SSP에 붙은 첫 번째 숫자는 사회·경제적 지표를 나타내고, SSP에 붙은 두 번째 숫자는 RCP 시나리오의 숫자와 같은 의미를 뜻하는 복사강제력이다. 숫자가 클수록 온실가스 감축을 하지 못해 미래에 기후 변화가 빠르게 진행되므로 온도가 더 많이 상승하고 해수면도 더 크게 높아진다. 특히 온실가스를 감축하지 못하는 SSP3과 SSP5의 시나리오에서 시간에 따라 온도와 해수면이 상

지구 온난화가 미래에 미칠 영향

〈SSP 시나리오 종류와 의미〉

종류	의미
SSP1-1.9	온실가스 배출을 강력히 제한해 배출량을 최대로 감축하는 경우
SSP1-2.6	재생에너지 기술 발달로 화석연료 사용이 최소화되고 친환경적으로 지속 가능한 경제성장을 이룰 것으로 가정하는 경우
SSP2-4.5	기후변화 완화 및 사회경제 발전 정도가 중간 단계를 가정하는 경우
SSP3-7.0	기후변화 완화 정책에 소극적이며 기술개발이 늦어 기후변화에 취약한 사회구조를 가정하는 경우
SSP5-8.5	산업기술의 빠른 발전에 중점을 두어 화석연료 사용이 높고 도시 위주의 무분별한 개발이 확대될 것으로 가정하는 경우

승하는 추세가 더 커진다.

　인류가 온실가스를 감축하는 데 비교적 성공했을 때(SSP-1-2.6)와 온실가스 감축에 신경조차 쓰지 않을 때(SSP5-8.5) 미래 연평균 기온과 강수량 상황을 비교해 보자. 어느 정도 노력을 기울인다면, 21세기 말(2081~2100년) 전 지구 육지 평균은 현재보다 2.5℃ 높아질 것으로 예측된다. 동아시아와 한반도 육지도 이와 비슷하게 21세기 말에 각각 2.7℃, 2.6℃ 상승할 것으로 전망된다. 강수량을 보면, 지구 전체에서 평균 4% 늘어나고, 동아시아에서 6%, 한반도에서 4% 증가할 것으로 예측된다.

　문제는 지금처럼 온실가스를 배출할 때다. 21세기 말 지구 육지 평균 기온은 무려 6.9℃ 상승하고, 한반도는 7℃나 높아질 것으로 전망되기 때문이다. 강수량도 지구 전체에서 7% 늘어나고 한반도에서 그 2

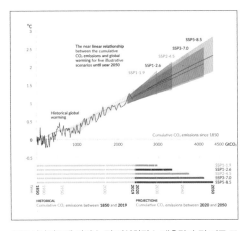

SSP 시나리오에 따라 누적 이산화탄소 배출량과 전 지구 표면 온도 상승의 관계를 보여준다. SSP1–1.9에 비해 SSP5–8.5의 경우 이산화탄소 배출량이 더 많고 지구 온도도 더 높이 상승할 것으로 예상된다. ⓒ IPCC

배인 14%나 대폭 증가할 것으로 예측된다. 연평균 기온이 7℃나 상승한다면 우리나라는 4계절의 의미가 퇴색하고 폭염이 수시로 나타날 수 있다. 아무 노력도 하지 않을 때 21세기 말 한반도는 일 최고기온이 1년 중 최대 41.2℃까지 치솟으며, 연중 손꼽히게 더운 날(온난일)이 현재보다 약 3.6배(36.5일→129.9일)로 급증할 것으로 예측된다.

전문가들은 온실가스 배출을 완전히 멈춘다고 해도 기후 변화가 수백 년 동안 지속될 것이라고 경고한다. 현재 전 세계 기후는 산업혁명 이후 수백 년간 누적된 결과이기 때문이다. 인간이 배출한 이산화탄소의 20% 이상은 1000년 이상 대기에 남아 있을 것이라고 한다. 지구 온난화는 피할 수 없는 현상인 셈이다

지구 온난화가 미래에 미칠 영향

지구와 인류에게 미치는 위험

지구 온난화는 피할 수 없는 현상인 셈이다지구 온난화는 전 세계에 막대한 경제적 피해를 입힐 것으로 예측된다. 단순히 경제적 피해만 볼 뿐 아니라 SF영화에서처럼 지구가 멸망할 가능성도 있다. 게다가 일부 전문가들은 지구 온난화로 인해 6번째 멸종이 진행되고 있다고 주장하기도 한다.

⁝ 경제적 피해, 세계 대전 비용 넘어설지도

지구 온난화로 인한 경제적 피해는 어느 정도나 될까?

2006년 10월, 영국 정부의 경제 고문 니컬러스 스턴Nicholas Stern이 발표한 보고서에서는 지구 온난화 대책을 미룬다면 전 세계가 1930년대 대공황에 맞먹는 경제 파탄에 직면할 수 있다고 경고했다. 스턴 보고서에 따르면, 일반적인 경제 모델을 이용해 추산한 결과, 지금 행동을 취하지 않을 때 온도 변화에 따른 비용과 피해는 매년 전 세계 국내총생산GDP의 5%에 이르며, 간접적인 피해와 영향을 계산에 넣을 경우 피해가

GDP의 20% 이상이 될 수도 있다고 한다. 이 보고서에서 스턴은 전 세계가 온난화로 인해 치러야 하는 비용은 9조 6,000억 달러로 1·2차 세계 대전 비용을 넘어설 것이라고 주장했다.

2017년 2월 초 아시아개발은행^{ADB}은 정책연구보고서를 통해 해수면 상승에 따른 경제적 영향과 이에 대한 대응 전략을 분석했다. 2016년 2월 기준으로 전 세계 평균 해수면은 1993년에 비해 74.8mm나 높아졌다. 2100년에는 전 세계 평균 해수면 높이가 1990년에 비해 0.75~1.9m 더 상승할 것으로 전망된다. 이렇게 해수면이 상승하면, 토지 유실, 인프라 손실, 사회적 자본 손실, 재난 시설 구축 등으로 인해 경제 성장에 악영향이 미치게 된다.

ADB 보고서에서는 전 세계적으로 2100년 기준으로 연간 최대 2조 8,200억 달러(세계 GDP의 0.5%) 규모의 피해가 발생할 것이라고 예측했다. 또한 해수면 상승으로 홍수와 침수가 발생하고 이는 대규모 이주의 요인으로 작용하게 되는데, 2050년까지 아시아에서만 660만 명(아시아 전체의 0.12%)이 이동할 것으로 전망된다. 해수면이 높아지면 자연 경관도 크게 변해, 관광 산업이 국가 경제에서 큰 비중을 차지하는 몰디브와 같은 저개발 도서 국가에 직접적인 피해가 미칠 것이다.

ADB 보고서는 해수면 상승에 대한 대응 전략으로 이주, 수용, 방어 등을 손꼽았다. 먼저 이주 전략에 따른 직접 비용은 2050년 기준으로 각 국가 GDP의 최대 3%에 달할 것으로 예측됐다. 수용 전략은 해수면

지구 온난화가 미래에 미칠 영향

상승에 따른 홍수나 침수에 대비해 조기 경보 체계를 갖추거나 대피소를 건설하는 방식인데, 이에 대한 구체적인 비용을 계산하기 힘들지만, 새로운 인프라를 구축하는 효과와 같은 일부 경제적 효과도 기대된다. 방어 전략은 제방을 건설하는 것처럼 직접 생활 터전을 지키는 방식으로 비용이 가장 많이 드는 전략이다.

2011년에는 환경부와 한국환경정책·평가연구원KEI이 공동으로 연구한 '우리나라 기후 변화의 경제학적 분석'이란 보고서도 나왔다. 이에 따르면, 지구 온난화로 인한 전 세계적 기후 변화를 내버려둘 경우 우리나라는 2100년까지 무려 2,800조 원의 경제적 손실을 입을 것이라고 한다.

⁑ 지구가 멸망할 수도 있다

"지난 20세기에 범한 잘못 때문에 지구는 환경이 척박해지면서 전 세계적으로 식량이 부족해졌다. 마지막으로 남은 옥수수조차 병충해로 인해 곧 사라질 운명이다. 세계 각국의 정부와 경제가 완전히 붕괴됐고, 인류는 멸망의 위기에 처했다."

이는 영화 '인터스텔라'의 배경인데, 주인공은 인류를 구하기 위해 우주로 떠난다.

실제 미래의 어느 날 인류는 지구 온난화로 인해 영화와 같은 파국을 맞이하게 될지도 모른다. 미국의 대표적 싱크탱크 중 하나인 '해군분석센터^{CNA} 군사자문위원회'가 2014년에 발표한 '기후 변화와 가속화하는 국가 안보 위험'이란 보고서에는 다음과 같은 내용이 나온다.

"기후 변화는 당장 기온 상승을 일으킨다. 기온 상승은 전염병 창궐, 식량 감산을 가져온다. 해수면 상승은 저지대 국가의 생존을 위협한다. 가뭄, 홍수 등 극한 기상 현상이 늘어나면서 지구촌은 불안정해질 것이다. 식량 부족, 물 부족, 변종 바이러스 창궐, 기후 난민 증가 등으로 인해 전쟁이 일어날 가능성이 높다."

실제로 인류가 기후 변화로 인한 재난을 당할 위험이 갈수록 커지고 있다는 경고가 잇따르고 있다. 2014년 세계은행이 발표한 '새로운 기후 표준'에 대한 보고서를 살펴보자. 이 보고서는 다음과 같은 예측을 내놨다. 2050년까지 지구 기온이 산업 혁명 이전에 비해 2℃ 높아질 경우 브라질, 마케도니아 등 지구촌 곡창 지대의 작황이 반 토막 날 것이다. 즉 브라질에서는 대두 수확량이 최대 70%, 밀 수확량이 최대 50%씩 줄어들 것이며, 마케도니아에서는 옥수수, 밀, 채소, 포도의 수확량이 50%씩 감소할 것으로 전망된다. 또 요르단, 이집트, 리비아에서는 농작물 수확량이 30% 줄어들 것으로 예상된다.

2016년 영국의 비영리 단체인 크리스천에이드는 기후 변화의 영향으로 2060년경 최소 10억 명의 인구가 대홍수 위험에 노출될 것이라고 전망했다. 관련 보고서에 따르면, 중국, 인도, 방글라데시, 인도네시아, 베트남 등의 순으로 침수 피해가 우려되는 곳의 인구가 많다. 다행히 우

지구 온난화가 미래에 미칠 영향

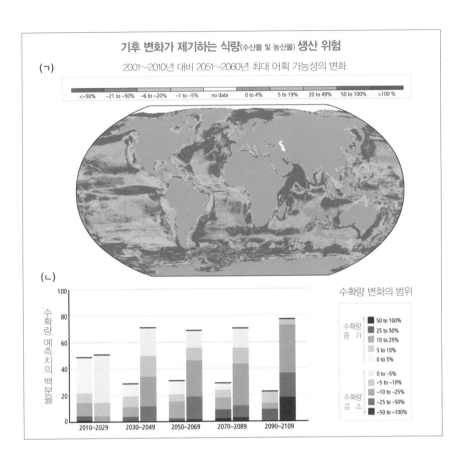

기후 변화가 제기하는 식량(수산물 및 농산물) 생산 위험

2001〜2010년 대비 2051〜2060년 최대 어획 가능성의 변화

(ㄱ)

(ㄴ)

리나라는 침수 우려 지역의 거주 인구가 많은 상위 25개국에 포함되지

않았다. 2010년 기준으로 보면 대홍수 피해가 우려되는 인구가 많은 저

지대 대도시는 인도 콜카타와 뭄바이, 방글라데시 다카, 중국 광저우,

베트남 호치민시티, 중국 상하이가 1〜5위를 기록했다. 미국 마이애미

와 일본 도쿄는 침수 피해가 우려되는 인구 순위 8위와 19위에 꼽혔다.

　사실 아시아는 기후 변화에 취약하다. 아시아 전체 인구 가운데

40% 정도가 해안에서 72km 이내에 살고 있어 해수면 상승, 태풍과 폭풍, 홍수에 노출돼 있다. 또 물 부족 문제도 심각하다. 히말라야에 있던 빙하가 지구 온난화로 인해 녹으면 수십 년 내에 물 분쟁이 일어날 가능성이 높다. 한 미래 예측 보고서에 따르면, 인도와 파키스탄이 물 문제 때문에 전쟁을 벌일 가능성이 크다고 한다.

최근 대가뭄이 아프리카를 휩쓸면서 아프리카가 극심한 식량난에 시달리고 있다. 물 부족은 물론이고 자연 환경도 심하게 파괴되고 있다. IPCC 보고서에 따르면 아프리카 지역이 더 덥고 건조해질 것으로 예상된다. 기온 상승과 함께 강수량 감소로 인해 가뭄이 심각해진다는 뜻이다. IPCC의 미래 시뮬레이션에 따르면 2025년까지 1억 명이 추가로 물 부족에 시달릴 것으로 전망된다.

지구 온난화로 인해 2100년 아마존 유역, 남유럽 지역이 사막화될 것이라는 예측도 나온다. 2005년 아마존강은 최악의 가뭄으로 강바닥이 마르는 사태가 벌어졌다. 원래 아마존 유역은 비구름이 안데스 산맥을 넘지 못하고 비를 내리지만, 지구 온난화 때문에 대서양의 온도가 높아졌고 비구름이 대서양 연안에 비를 뿌려 아마존 유역은 맑은 날씨가 계속됐다. 결국 아마존강에 가뭄 사태가 일어났던 것이다. 앞으로 지구 온난화가 계속된다면 2100년 아마존 유역에는 아라비아 반도보다 더 넓은 사막이 생길 것이라고 한다.

2016년 12월 28일 프랑스 연구진이 과학저널 「사이언스」에 '기후

변화: 2015 파리기후변화협정 기준과 지중해 생태계'란 제목의 논문을 발표했다. 이 논문에 따르면, 이산화탄소 방출량이 현재와 같은 수준으로 유지될 때 2100년쯤 스페인이 사막화될 것으로 전망하고 있다. 연구진은 2100년경 지구의 온도가 현재보다 5℃ 정도 높아지면서, 스페인 남부와 이탈리아 시칠리아까지 사막이 확장되고 지중해 식물이 낙엽식물로 대체될 것이라고 경고했다. 지중해는 지구상의 다른 지역보다 기후변화에 예민한 셈이다.

⋮ 여섯 번째 대멸종 온다

일부 과학자는 인류를 포함한 지구 생물의 75% 이상 사라지는 '여섯 번째 대멸종'이 일어날지 모른다고 경고하고 있다. 대멸종은 몇 개의 종이 아니라 전 지구적으로 생물종이 사라지는 현상을 뜻한다. 그동안 지구는 다섯 번의 대멸종을 겪었다는 것이 학계의 중론이다. 2015년 미국 학술지 「사이언스 어드밴스」는 6500만 년 전 다섯 번째 대멸종으로 공룡 시대가 끝난 이후 동물 멸종 속도가 가장 급속히 진행되고 있다고 밝혔다. 2014년 영국의 국제 학술지 「네이처」는 2200년이 되면 양서류의 41%, 포유류의 25%, 조류의 13%가 멸종할 것이라고 전망했다.

2014년 미국의 국제 학술지 「사이언스」는 인간이 출현하고 나서 생물의 멸종 속도가 1000배 빨라졌으며, 이런 속도라면 100년 뒤 생물종의 70%가 사라질 것이라고 예측했다. 생물 멸종의 원인은 서식지 파괴와 기후 변화 같은 급격한 환경 변화와 관련 있다. 즉 해수면이 높아짐에 따라 해안가 주변의 주요 동식물은 서식지가 사라져 멸종이 가속화되고 있다는 뜻이다.

특히 기후 변화는 삼림 파괴와 함께 열대 우림에서 살아가는 생물종에게 악영향을 미치는 것으로 나타났다. 미국 스탠퍼드대 연구진이 중미 코스타리카에서 12년간 300종 이상의 조류들을 조사한 결과, 열대 우림이 농경지로 바뀔 때 습한 기후에서 사는 조류들은 멸종되는 반면 건조한 기후에서 사는 조류들은 새로운 서식지에 적응해 살아남는다는 것을 알아냈다. 건조한 기후에서 사는 생물종이 미래의 기후 변화와 토지 활용에 더 적합한 셈이다.

기후 변화에 따른 생태계 대재앙은 해양에서도 현실로 나타나고 있다. 예를 들어, 2016년 4월 발표된 연구결과에 따르면, 기후 변화로 인해 세계 최대 산호초 군락인 호주 그레이트배리어리프에서 산호가 죽으며 하얗게 변하는 백화 현상이 빈번하게 일어날 만큼 수온이 높아졌다. 2017년 2월 세계 20개국 해양연구소의 연구자들이 발표한 보고서에 따르면, 2100년에는 수심 200~6000m에 사는 심해 생물들은 기후 변화로 인해 해수 온도가 상승하고 저산소 수역이 확대됨에 따라 먹잇감이 부족해 거의 굶어 죽는 사태에 처할 것이라고 한다. 연구자들은 31개 지구 시스템 모델로 해양 동물이 가장 많이 서식하는 심해의 해수 온도, 산

지구 온난화가 미래에 미칠 영향

우리나라는 아열대 기후

소량, 산성도[매], 먹이 공급량 등을 예측해 이 같은 결과를 얻었다.

기후 변화는 한반도의 계절, 식생과 농작물, 극한 기후에도 큰 영향을 미칠 것으로 전망된다. 지금처럼 온실가스를 배출한다면, 우리나라에서 여름은 늘어나는 데 비해 겨울은 줄어들 것이며, 한낮의 열기 때문에 일하기 힘들어 낮잠 자는 시간이 필요할 것으로 보인다. 또 식생과 농작물의 재배지가 달라져 '남산 위에 저 소나무'는 귤나무로 바뀔지도 모른다.

⫶ 계절이 바뀐다

기상청이 2012년 말에 발표한 '한반도 기후 변화 전망 보고서'를 살펴보면, 한반도의 미래 기후 변화를 파악할 수 있다. 한반도는 과거 30년간(1981~2010년)의 관측 자료에서 나타나는 온난화 경향이 2100년까지 꾸준히 유지될 것으로 전망된다. 특히 2071~2100년에는 한반도의 연평균 기온 상승폭은 전 지구 평균이나 동아시아 평균을 넘어설 것으로 보인다.

구체적으로는 온실가스 배출 시나리오에 따라 달라진다. 온실가스를 저감하는 시나리오(RCP 4.5)에 따르면, 한반도의 기온 상승률은 2100년까지 0.33℃/10년 수준으로 과거 30년의 한반도 기온 상승 추세(0.41℃/10년)보다는 다소 완화될 것으로 예상된다. 즉 21세기 후반(2071~2100년)에 기온 상승 경향이 둔화돼 한반도의 연평균 기온이 14.0℃로 전망된다. 이는 현재 기후에서 부산을 중심으로 한 남동해안 지역의 연평균 기온에 해당한다.

　반면 현재 추세대로 온실가스를 배출하는 시나리오(RCP 8.5)에서는 기온 상승률이 0.63℃/10년 수준, 즉 과거 30년간 기온 상승률의 1.6배로 더욱 가속화될 것으로 예측된다. 즉 21세기 중반(2041~2070년) 이후 온난화가 더욱 가속화돼 21세기 후반에는 연평균 기온이 16.7℃로 전망된다. 구체적으로 21세기 후반에는 현재(1981~2010년)보다 북한의 기온이 6℃, 남한은 5.3℃ 정도 높아질 것이다. 2071~2100년에는 한반도가 아열대 기후로 변하는 것이다. 기상청은 21세기 말 서울보다 북쪽에 있는 평양의 평균 기온이 16.6℃까지 올라 현재 제주 서귀포시의 평균 기온과 비슷해질 것이라고 예측했다.

　요즘도 봄, 가을이 짧아지면서 사계절이라는 말이 무색해지고 있지만, 미래에는 기후 변화로 인해 계절이 더 많이 바뀔 것이다. RCP 8.5 시나리오에 따르면, 우리나라는 지역에 따라 가을이 줄어들거나 늘어난다. 여름과 봄은 늘어나는 데 비해 겨울은 매우 짧아진다. 예를 들어 부산·

지구 온난화가 미래에 미칠 영향

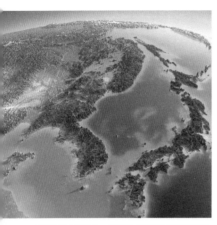
21세기 말 한반도는 아열대 기후로 바뀔 것이다.

울산·경남 지역은 겨울로 분류할 수 있는 날이 겨우 7일밖에 안 된다.

연평균 강수량은 RCP 4.5 시나리오와 RCP 8.5 시나리오 모두에서 공통적으로 21세기 중반 이후 자연적인 변동을 넘어 뚜렷한 증가 경향을 보일 것으로 전망된다. 특히 두 시나리오에 의한 21세기 후반의 한반도 연평균 강수량은 현재 전남과 경남, 한반도 중부의 연평균 강수량(대략 1350mm)과 비슷해진다. 참고로 현재(1981~2010년) 한반도 연평균 강수량은 1162.2mm이다.

한편, 한반도 주변 해수면은 모든 해안에서 높아질 것으로 전망되는데, 동해안의 해수면 상승 추세는 남해와 서해에 비해 상대적으로 크게 나타날 것으로 예측된다. RCP 4.5 시나리오에서는 한반도 주변 해수면 상승폭이 21세기 후반에 동해안에서 74cm, 남해안과 서해안에서 53cm 상승할 것으로 예상된다. 이는 같은 기간의 전 지구 해수면 상승폭 70.6cm와 비슷한 수준이다. RCP 8.5 시나리오에 따른 해수면 상승폭은 더 높아서 21세기 후반에 동해안에서 99cm, 남해안과 서해안에서 65cm에 달할 것으로 예측된다. 같은 기간 지구 평균 해수면 상승폭은 88.5cm 수준으로 전망된다.

지구 온난화, 어떻게 해결할까?

⁝ 남산 위에 저 귤나무?

　지구 온난화에 따라 계절이 지금과 달라진다는 것은 기온이나 사람의 옷차림이 바뀌는 문제로 끝나지 않는다. 지역에 따라 자라는 식생과 농작물이 달라지기 때문이다. 비닐하우스에서 키웠던 농작물은 아무 시설 없이 바깥에서 키울 수도 있고, 오래 재배하던 작물은 더 이상 재배하지 못할 수도 있다.

　'남산 위에 저 소나무 철갑을 두른 듯'이라고 애국가 2절에 등장할 정도로 친숙한 소나무는 우리나라 산림 면적의 20%를 차지한다. 하지만 21세기 말에는 남산에서 소나무를 보기 힘들지도 모른다. 2010년 「한국임학회지」에 고려대 이우균 교수가 발표한 논문에 따르면, 강수량이 많아질수록, 기온이 높아질수록 소나무 생장에 좋지 않다. 한반도 기후 변화 시나리오에서는 21세기 후반에 강수량은 지금보다 18% 많아지고 평양의 평균 기온이 현재 제주 서귀포시와 비슷해질 것으로 전망된다. 그렇다면 남산 꼭대기에서 소나무 대신 귤나무를 볼 수도 있다.

　RCP 8.5 시나리오에 따라 우리나라 평균 기온이 높아지면, 전 지역의 식물

21세기 말에는 남산에서 더 이상 소나무를 보기 힘들지도 모른다. ⓒARTYOORAN

지구 온난화가 미래에 미칠 영향

성장 기간은 짧게는 39일에서 길게는 60일이나 늘어난다. 지역에 따라 편차가 있지만 내륙보다는 해안 지역에서 길어진다. 원래 식물 성장 기간이 길었던 남부 지방은 현재보다 20%가량 길어진다. 즉 전남 지방의 식물 성장 기간은 340일로, 경남 지방은 332일로 늘어난다.

기온이 높아지고 식물 성장 기간이 길어지면 키울 수 있는 작물의 종류도 바뀐다. 예를 들어 감자로 유명한 강원도는 21세기 말에는 더 이상 감자를 재배할 수 없다. 강원도뿐 아니라 서울, 경기, 인천 지역은 21세기 중반에 이미 감자를 키우기에 너무 따뜻해진다. 그러면 우리나라는 러시아처럼 기온이 낮은 국가로부터 감자를 거의 전량 수입해야 할 것이다.

2013년 농촌진흥청은 기후 변화 시나리오를 바탕으로 우리 농업 환경에 맞는 작물별 재배지 변동 예측 지도를 개발했다. 이에 따르면, 강원도 고랭지 배추는 21세기 중반에 재배 면적이 급감하다가 21세기 말에 완전히 사라질 것으로 예상된다. 또 과일 중에서 사과는 재배 면적이 지속적으로 감소하고 21세기 말에는 강원도 일부에서만 재배가 가능할 것으로 전망된다. 배, 복숭아, 포도의 경우는 21세기 중반까지 재배 면적이 소폭 증가하다가 이후에 급감할 것으로 예상되는 반면, 단감과 감귤은 재배 면적이 계속 늘어날 것으로 예측된다. 단감의 재배 한계선이 산간 지역을 제외한 중부 내륙 전역으로 확대될 것이며, 감귤의 재배 한계선은 제주도에서 남해안과 강원도 해안 지역으로 올라갈 것이다.

⁑ 한반도에도 시에스타 도입해야

현재 기후에서 한반도 남해안에 국한되는 아열대 기후구(미국의 지리학자 글렌 트레와다Glenn Thomas Trewartha의 구분법에 따르면, 평균 기온이 10℃가 넘는 달이 1년 중 8개월 이상이면 '아열대 기후'로 정의)는 21세기에 그 경계가 점차 북상할 것으로 전망된다. 즉 아열대 기후구의 경계는 RCP 4.5 시나리오에서 전남·북과 충남 서해안, 경기와 황해 서부 해안 지역으로 확장될 것으로 예상되고, RCP 8.5 시나리오에서는 강원, 경기 서북부를 제외한 남한 지역 대부분, 황해도 서부가 아열대 기후구로 정의될 것으로 예측된다.

한반도가 온난화 영향을 받음에 따라 폭염 일수, 열대야 일수처럼 기온 관련 극한 지수가 급격히 증가할 것으로 전망되고 있다. RCP 8.5 시나리오에 따르면, 폭염 일수는 현재 연간 7.3일 수준에서 21세기 후반 연간 30.2일 수준으로 크게 늘어나며, 열대야 일수는 현재 한반도 평균 연간 2.8일 수준에서 21세기 후반 연간 37.2일로 대폭 증가할 것으로 예측된다. 한편 RCP 4.5 시나리오에서는 21세기 후반에 폭염 일수가 13.1일, 열대야 일수가 13.6일로 각각 늘어날 것으로 예상된다.

21세기 후반 한반도에는 한낮의 뜨거운 열기로 인해 일하기 힘들어질 것이다. RCP 8.5 시나리오에 따르면, 열지수가 지금보다 2배가량 높아지기 때문이다. 열지수는 기온과 습도에 따라 사람이 실제로 느끼는 더위를 나타내는 지수를 말한다. 서울의 경우 21세기 초(2011~2040년)에는 열지수가 32~33 정도로 '주의' 단계에 불과하지만, 21세기 말에는 열지수가 점점 높아져 40을 넘어서 야외 활동을 자제해야 하는 '위험' 단계에 들어선다. 미래에 이런 상황이 벌어진다면, 한반도에도 시에스타와 비슷한 것이 필요할지 모른다. '시에스타'는 낮잠 또는 낮잠 자는 시간을 뜻한다. 스페인, 이탈리아, 그리스 등 지중해 연안 국가뿐 아니라 라틴 아메리카 국가에서는 뜨거운 한낮의 무더위 때문에 일의 능률이 오르지 않아 2~4시간 정도 낮잠을 잔다.

열지수가 기온이 신체 건강에 위협을 주는 정도를 뜻한다면, 불쾌지수는 정신 건강에 위협을 주는 정도를 판단하는 지수이다. 불쾌지수는 날씨에 따라 사람이 느끼는 불쾌감의 정도를 기온과 습도를 이용해 나타내는데, 80이 넘으면 업무를 중단하고 휴식을 취하는 것이 낫다.

2020년쯤 서울에서는 여름철에 불쾌지수가 평균 79.8에 이를 것으로 예측되기 때문에 에어컨을 켜지 않고는 살 수 없는 지경이 될 것이다. 21세기 말에는 서울의 불쾌지수가 85.6으로 올라갈 것으로 예측되는데, 이런 상태라면 사소한 말다툼이 큰 싸움으로 번지기 쉽다. 2013년 여름에 불쾌지수가 80 이상으로 치솟았던 강원도에서 경찰에 신고가 접수된 폭력 사건만 하루에 30건이 넘었다. 강원도보다 인구가 6배 이상 많은 서울에서는 이보다 더한 사태가 일어날지도 모른다.

인류, 기후 변화에 따라 이주하다

　최근 연구에 따르면, 기후 변화가 인류 문명의 흥망성쇠를 가리는 데 결정적 역할을 한 것으로 밝혀지고 있다. 또 현생 인류인 호모 사피엔스가 10만 년 전 아프리카를 떠나 대이동을 한 원인도 기후 변화 때문이라고 한다. 미래에 인류는 어디로 이주해야 할까.

⁝ 인류 문명의 흥망에 결정적 역할

　인류 문명의 흥망성쇠를 결정하는 데 기후 변화가 중요한 역할을 한 것으로 드러났다. 이는 구대륙에서 시작된 세계 4대 문명이나 신대륙에서 번성한 마야 문명, 잉카 문명 등도 마찬가지이다.

　고대 문명은 메소포타미아 문명, 이집트 문명, 인더스 문명, 황허 문명이 대표적이다. 세계 4대 문명은 공통적으로 강을 끼고 기후가 온화해 기름진 토지에서 농사를 짓기에 적합한 곳에서 발달했다. 메소포타미아 문명은 기원전 6500년경 티그리스강과 유프라테스강을 중심으로 시작돼 신석기, 청동기, 철기를 활용해 번성하다가 기원전 500년경 멸망

나일강 하류에서 발달했던 이집트 문명은 가뭄 때문에 멸망했다.

했으며, 이집트 문명은 기원전 3000년경 나일강 하류의 비옥한 토지에서 발달해 2000년간 고유문화를 간직했다. 또 인더스 문명은 기원전 3000년 중반부터 약 1000년간 인더스강 유역에서 청동기를 바탕으로 번영했으며, 황허 문명은 기원전 5000년경 황허강에서 시작됐다.

최근 많은 과학자들과 고고학자들은 4대 문명의 몰락이 기후 변화 때문이라고 주장하고 있다. 메소포타미아 문명이 몰락한 원인은 호수가 범람하면서 염류토의 양이 증가해 농업이 불가능해졌기 때문이며, 황허 문명 역시 홍수의 영향으로 막을 내렸다고 한다. 인더스 문명은 기후 변화가 일어나면서 계절풍인 몬순의 세기가 약해져 농사에 영향을 받아 몰락했으며, 이집트 문명은 비정상적으로 기온이 바뀌면서 갑작스럽게 가뭄이 발생했기 때문에 멸망했다고 분석되고 있다.

세계 24개국 78명의 과학자들이 2006년부터 7년간 진행한 '과거 지구 변화Past Global Changes 2000' 프로젝트에 따르면, 고도로 번성했던 마야 문명, 잉카 문명, 로마 문명의 흥망이 기온, 강수량 같은 기후 요소와 긴밀한 관계가 있다고 한다. 과학자들은 역사 기록과 더불어 나이테, 꽃가루, 얼음 단면, 호수나 해양 침전물, 산호, 동굴 석순 등의 자료를 통해 연평균 기온, 여름철 기온, 강수량 등의 변화를 추적했다.

마야 문명이 발달했던 멕시코 지역에서는 10세기 이전 수백 년에 걸쳐 기온이 떨어지고 비가 적게 내리는 현상이 계속됐다. 이 가뭄 시기에는 농업 생산성이 감소하고 사회가 불안해지며 국가가 몰락했다. 10세기 중반에는 마야 제국의 인구가 10%로 줄었다. 100년 뒤 다시 비가 많이 내리고 따뜻해져 새로운 숲이 우거졌으나, 사람들은 이미 마야의 도시를 버리고 떠난 뒤였다.

로마 제국이나 독일의 번성기에는 비가 많이 오고 따뜻한 날씨가 지속됐던 것으로 조사됐다. 예를 들어 로마 시대에 속하는 서기 21~80년 사이에는 기온이 1971~2000년보다 더 높을 정도로 온화했다. 반면 게르만족 이동(4~5세기), 흑사병 창궐(14세기), 30년 전쟁 발발(1618~1648년) 등의 시기에는 기후가 좋지 않았고, 소빙하기(13세기 중반~19세기 후반)에는 유럽에 기근과 전염병이 만연했다.

북미 지역에서도 온난하고 다습한 시기에 옥수수 수확이 늘어나고 숲 면적이 증가하면서 인디언 원주민의 인구가 많아졌으나, 갑자기 13세기에 북미의 모든 문명이 사라졌다. 과학자들은 이 지역에 한랭하고 건조한 기후가 찾아왔기 때문이라고 설명했다. 북반구와 달리 남반구에서는 12~14세기에 기온이 높아졌다. 남미 잉카 문명은 더욱 번성해 남북으로 4000km가 넘는 대제국을 건설했다. 다만 잉카는 기후 변화가 아니라 스페인 침공이라는 인위적 원인에 의해 몰락했다.

⁝ 인류의 이동에도 큰 영향

현생 인류 호모 사피엔스는 지난 10만여 년간 최소한 4번에 걸쳐 대륙 간의 대규모 이동을 해왔는데, 이 대규모 이동의 원인이 급격한 기후 변화 때문이라는 연구결과도 나온 바 있다. 이는 액슬 티머먼 Axel Timmermann 부산대 석학교수 겸 기초과학연구원IBS 기후물리연구단장이 2016년 「네이처」에 발표한 논문에 따른 것이다.

티머먼 교수는 기후·인류 이주 통합 컴퓨터 모델을 최초로 개발해 빙하기, 급작스런 기후 변화, 인류의 정주(定住)에 대한 시뮬레이션을 했다. 이 모델에서 기온, 강수량, 습도, 수자원, 식량 등 다양한 변수를 고려했는데, 예를 들어 대서양과 지중해 사이에 있는 이베리아 반도의 강수량과 습도 자료가 주어지면 수렵하거나 채집할 수 있는 식량이 어느 정도인지 추정할 수 있고, 식량이 충분하다면 인구밀도가 높아지고 부족하다면 인구밀도가 낮아진다고 생각할 수 있다.

특히 티머먼 교수는 지구 공전궤도 이심률, 지구 자전축 경사도, 세차 운동 같은 천문학적 요인에 따라 위도와 계절에 따라 지표에 도달하는 태양 복사에너지 양이 장기적 주기 변화를 어떻게 보이는지에 주목했다. 이런 주기가 겹칠 때 빙하기가 도래할 수 있기 때문이다. 약 11만 년 전 북반구의 여름철 일사량이 급격히 줄어 수천 년간 대륙에 눈과 얼음이 쌓여 빙하가 형성됐다. 지구 냉각기가 진행되는 동안 세차 운동에 따라 열대 강수대가 이동해 북아프리카에 거대한 사막이나 초원이 형성됐다. 이로써 아프리카에 살던 인류가 10만 년 전 북동 아프리카와 아라비아 반도의 초원길을 거쳐 아프리카를 떠나기 시작했다.

시뮬레이션 결과, 아프리카에 살던 인류는 최소한 4차례의 대이동을 감행했다. 10만 년 전에는 처음 아프리카를 떠나 아라비아 반도에 정착했다. 9만~8만 년 전에는 지중해 연안의 남부 유럽과 남중국에 진출했다. 빙하 패턴을 분석한 결과, 일부 인류는 아프리카로 되돌아온 것으로 추정된다. 7만~5만 년 전에는 아시아에서 인도네시아로, 파푸아뉴기니를 거쳐 호주로 이동했다. 4만 5000년 전에는 유럽으로 이동했고, 2만 년 전에는 시베리아 극동부에 도달한 뒤 1.5만 년 전 빙하기에 얼어붙은 베링 해협을 건너 북아메리카까지 진출한 것으로 밝혀졌다.

흥미롭게도 이런 결과는 다양한 화석, 지질학적 증거, 고고학적 증거와 상당히 일치한다. 인류가 대이동을 할 때마다 북아프리카에 여름 강수량이 늘어 초원길이 열리고 이주에 도움이 되는 식물 분포가 늘어 식량이 증가했다.

⁝ 미래 대이동은 지중해 지역에서 시작?

인류의 이주는 과거의 일이 아니다. 기후 변화로 인해 미래에 닥칠 일이기 때문이다. 예를 들어 전쟁보다 기후 변화로 인한 난민이 더 많이 생겨날 것으로 보인다.

지구 온난화가 미래에 미칠 영향

영국 옥스퍼드대 노먼 마이어스 Norman Myers 교수는 2050년까지 약 2억 명의 기후 난민이 발생할 것이라고 예상했다. 독일 환경 단체 '게르만와치'는 지난 20년간 기후 변화 때문에 가장 많은 피해를 입은 국가로 방글라데

티머먼 교수가 기후 변화와 인류의 대이동에 대해 강연하고 있다. ⓒIBS

시를 꼽았다. IPCC는 2050년까지 방글라데시 국토의 17%가 침수돼 약 2000만 명의 기후 난민이 발생할 것이라고 예상하기도 했다.

액슬 티머먼 교수는 미래 기후에 대한 시뮬레이션도 제시했다. 즉 지구 온난화로 인해 지구 평균 기온이 산업화 이전에 비해 4~6℃ 상승할 것이고, 이로 인해 특히 지중해 지역에서 강수량이 30% 줄어 심각한 가뭄이 발생하고 농업에 악영향을 미칠 것이라고 예측했다. 티머먼 교수는 이런 상황에서 인류가 새로운 대규모 이동에 나서게 될 것이라고 전망했다.

미래학자 자크 아탈리Jacques Attali는 자신의 저서 『호모 노마드Homme Nomade』에서 인류를 '정처 없이 유랑하는 존재'라고 정의한 바 있다. 인류가 미지의 세계를 찾아 떠도는 것은 500만 년 동안 유전자에 새겨진 인간의 본성이라는 주장이다. 하지만 기후학자들의 분석에 따르면, 사실상 인류는 기후 변화로 인해 삶의 터전을 잃고 새로운 터전을 찾아 나서는 존재에 불과할지도 모른다. 지구 온난화는 이를 더욱 부추기게 될 것으로 보인다.

온실 효과가 더 심해진다면 행성 지구는?

지구는 대기에 적정한 양의 이산화탄소를 갖고 있어 사람을 비롯한 생명체가 살기에 적합한 온도를 유지하고 있으며, 자연적으로 온도를 조절하기도 한다. 하지만 과거에 온실 효과의 폭주가 일어났던 금성을 볼 때, 지구에서 인위적으로 온실가스가 증가해 온난화가 심해진다면, 미래에는 지구도 생명체가 살기 힘든 환경으로 바뀔지 모른다.

⁘ 지구의 자율적 온도 조절법

지구는 자율적으로 온도를 조절하는 방법이 있다. 바로 '이산화탄소 순환'이라 불리는 과정이다.

즉 이산화탄소는 화산에서 분출돼 대기로 유입되고, 대기 중의 이산화탄소는 비가 내릴 때 물에 용해돼 바다로 가거나 해저의 탄산염암이 되어 지각 아래의 맨틀로 침강하면서 지구 내부로 돌아간다. 문제는 지구 온도가 대기 중의 이산화탄소 양에 민감하다는 것이다. 이 때문에 이산화탄소 순환은 긴 시간 규모에서 온도 조절 장치로 작용한다.

지구 온난화가 미래에 미칠 영향

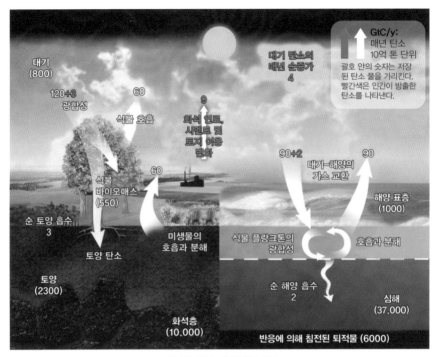

대기
(800)

120+3
광합성

식물 호흡

60

대기 탄소의
매년 순증가
4

GtC/y:
매년 탄소
10억 톤 단위
괄호 안의 숫자는 저장
된 탄소 풀을 가리킨다.
빨간색은 인간이 방출한
탄소를 나타낸다.

9
화석 연료,
시멘트 및
토지 이용
변화

90+2
대기-해양의
가스 교환

90

식물
바이오매스
(550)

60

해양 표층
(1000)

순 토양 흡수
3

미생물의
호흡과 분해

식물 플랑크톤의
광합성

호흡과 분해

토양 탄소

토양
(2300)

순 해양 흡수
2

심해
(37,000)

화석층
(10,000)

반응에 의해 침전된 퇴적물 (6000)

지구의 탄소 순환 ©DOE

그렇다면 지구 온도는 어떻게 자율적으로 조절될까. 먼저 지구 온도
가 현재보다 약간 높아졌다고 생각해 보자. 온도가 높아지면 바다에서
증발이 많이 일어나고 강수량이 늘어나기 때문에 비나 눈이 내릴 때 대
기 중에서 이산화탄소의 일부가 없어진다. 대기 중의 이산화탄소 농도가
낮아지면, 온실 효과가 약화된다. 이에 따라 지구 온도가 다시 원래대로
내려가 일정하게 유지된다.

반대로 지구 온도가 현재보다 약간 떨어진다고 상상해 보자. 그러면

증발이 적게 일어나 강수량이 줄어들고, 이어 강수에 따른 이산화탄소의 용해도 줄어 대기 중에는 더 많은 이산화탄소가 남게 된다. 대기 중의 이산화탄소 농도가 높아지게 되므로 온실 효과는 강화된다. 결국 지구 온도는 다시 원래대로 올라가 균형을 이룬다.

⁞ 화성 vs 금성

지구 대기에서는 이산화탄소 순환이라는 자율적인 온도 조절 장치가 작동해 지구 온도는 생명체가 살기에 적합한 온도로 유지되고 있다. 반면 금성과 화성에도 대기가 있지만, 지구와는 상황이 많이 다르다.

금성은 지구보다 태양에 더 가까워서 태양에너지를 더 많이 받는 데다가 대기에는 이산화탄소가 지구보다 더 많다. 금성의 두꺼운 대기 중에서 96%가 이산화탄소다. 금성도 지구처럼 받은 태양에너지를 우주로 내보내려 하지만, 대기 중의 이산화탄소가 그 에너지의 대부분을 흡수한다. 결국 금성은 평균 온도가 납을 녹이고도 남을 만한 470℃나 되는 매우 뜨거운 행성이 됐다.

반면 화성은 지구보다 태양에서 멀리 떨어져 있어 태양에너지를

금성은 온실 효과 폭주가 일어나 표면 온도가 470℃나 된다. ⓒNASA

적게 받을 뿐만 아니라 대기도 희박하다. 이산화탄소 같은 온실가스도 거의 없어 화성에서 나오는 열에너지는 대부분 우주로 빠져나간다. 따라서 화성은 온도가 영하 65℃밖에 안 되는 매우 차가운 행성이 된 것이다.

생물이 진화하는 데 장기적인 기후 안정성은 매우 중요하다. 지구에서 인간이라는 종이 진화하기까지 기후 안정성이 필요했다고 볼 수 있다. 만일 지구가 화성처럼 대기를 거의 잃어버려 전체 온도가 내려갔다면, 살아 있는 생물들은 모두 액체 상태의 물이 남아 있을 만한 지하 공간으로 피했을 것이다. 또한 지구가 금성처럼 온실 효과가 심했다면 엄청나게 뜨거운 열기에 모든 생물이 멸종했을 것이다.

온실 효과의 폭주

지구에서처럼 금성에서도 온실 효과가 일어난다. 그런데 금성은 대기에 지구보다 수백만 배 이상의 이산화탄소를 지니고 있어 온실 효과가 더 강하게 일어난다. 금성에서는 대기를 뚫고 들어온 태양빛이 표면을 가열하지만, 이산화탄소가 담요처럼 표면을 둘러싸 적외선(열에너지)이 우주로 빠져나가기 힘들다. 결국 금성 표면은 태양빛에서 받은 에너지를 복사 방출해 균형을 이룰 수 있도록 온도가 상승한다.

금성은 예전에도 현재처럼 대기가 두껍고 표면 온도가 높았을까?

아니면 한때 지구와 비슷한 기후였다가 현재 상태로 바뀐 것일까. 이 중에서 금성이 처음에는 지구와 비슷했다가 현재 상태로 변했을 가능성을 가늠해 보자.

먼저 금성은 지구처럼 적당한 온도에 바다가 있었고 대부분의 이산화탄소가 바다에 녹아 있거나 지표의 암석에 화학적으로 결합돼 있었다고 가정한다. 가령 태양에서 더 많은 에너지가 방출되거나 대기의 이산화탄소가 증가해 온도가 약간 상승했다고 생각해 보자. 그러면 이렇게 추가된 열에너지로 인해 바닷물이 더 많이 증발하고 지표의 암석(탄산염 암)에서 이산화탄소가 방출된다. 이에 따라 대기에 수증기와 이산화탄소의 양이 증가해 두 기체에 의한 온실 효과가 강화된다. 따라서 금성은 더 많이 가열되고 증발과 이산화탄소 방출이 가속화돼 대기에 수증기와 이산화탄소가 더 많아진다. 결국 다른 요소가 끼어들지 않는 이상 이 과정은 지속되고 온실 효과가 더 강화돼 온도는 계속 높아지게 된다. 이렇게 온실 효과가 통제할 수 없을 정도로 증폭되는 상황을 '온실 효과의 폭주 runaway greenhouse effect'라고 한다.

온실 효과의 폭주는 단순히 온실 효과가 커지는 상황을 말하는 것이 아니다. 이는 대기가 지구처럼 온실 효과가 작은 상태에서 현재 금성처럼 온실 효과가 대규모로 일어나는 상태로 바뀌는 과정을 뜻한다. 일단 대규모의 온실 효과가 진행되는 조건으로 변하면 행성의 표면은 매우 뜨거운 상태에서 평형을 이루게 된다. 이런 일이 벌어진다면 상황을 거꾸

지구 온난화가 미래에 미칠 영향

로 되돌리기는 거의 불가능하다.

만일 그 행성에 물이 많다면, 온실 효과의 폭주로 인해 물이 증발되고 대기 중에 뜨거운 수증기가 분포해 온실 효과를 증폭시키게 된다. 그런데 대기 중의 수증기는 태양의 자외선을 흡수해 수소와 산소로 분해되기 쉽다. 가벼운 수소는 금성, 지구, 화성 같은 지구형 행성의 약한 중력에 붙잡혀 있지 않고 우주로 탈출해 버리고, 남은 산소 또한 지표의 암석에 화학적으로 결합되고 만다. 이 과정은 되돌릴 수 없기 때문에 물이 증발해 사라지면 그걸로 끝이다. 이런 식으로 과거 금성에 있던 물이 없어졌을 것이라는 것이 과학자들의 생각이다.

금성은 행성의 온도가 계속 높아질 경우 대기와 바다에 심각한 영향을 줄 수 있음을 보여주고 있다. 지구에서 인위적으로 온실가스가 증가해 온난화가 가속화된다면, 온실 효과의 폭주를 걱정해야 할 것이다. 잘못하면 지구는 물이 사라지고 온도가 너무 높아져 더 이상 생명체가 살 수 없는 황폐한 행성이 될지도 모르기 때문이다.

지구 온난화는 미래에 인류와 지구에 큰 영향을 미칠 위험 요소이다. 온난화가 심해지면 한반도의 기후는 아열대 기후로 바뀌고, 인류는 기후 변화에 따라 살 만한 곳으로 이주해야 하며, 지구는 여섯 번째 멸종을 맞이할지 모른다. 최악에는 지구가 멸망하거나 금성처럼 생명체가 살 수 없는 곳으로 바뀔 수도 있다.

이런 맥락에서 미래에 대비하며 지속 가능한 환경에 주목해야 한다. 중학교 사회② 교과서의 '환경 문제와 지속 가능한 환경' 단원에서 전 지구적 차원의 기후 변화, 환경 문제 유발 산업의 이동, 생활 속 환경 이슈 등을 다루고 있다. 탄소 순환(이산화탄소 순환)은 지구 기온 평형을 이해하고 지구의 미래를 예측하는 데 중요한 키워드다. 탄소는 대기 중에 이산화탄소로, 지각 내에 석유나 석탄 또는 탄산칼슘으로, 해수에 탄산 이온으로, 생태계에 고분자 화합물 등으로 존재하는데, 탄소가 대기, 지각, 해수, 생태계를 순환하는 것이 바로 탄소 순환이다.

인간이 석유나 석탄 같은 화석 연료를 연소할 때 이산화탄소가 대기 중으로 배출되며, 식물은 광합성을 통해 대기 중의 이산화탄소를 흡수해 유기물로 만든다. 또 생물의 유해가 땅속으로 들어간 뒤에는 다시 화석 연료가 생성된다. 지층에 포함된 탄소는 지각 변동 과정에서 맨틀로 들어가고, 화산 활동을 통해 다시 대기 중으로 되돌아오며, 해수에서는 이산화탄소가 용해되거나 방출되면서 탄소가 순환한다.

Chapter 04

지구 온난화를 막기 위해서는 인류가 공동으로 노력해야 한다. 이 노력의 시작은 유엔기후변화협약이다. 세계 각국이 모여 온실가스 감축 방안을 두고 머리를 맞대면서, 어느 정도 구속력을 가진 교토의정서가 채택됐고, 교토의정서 이후 파리 협정이 체결되면서 신(新)기후 체제가 마련됐다.

인류 공동의
노력과
신기후 체제

기후변화협약과 교토의정서

유엔기후변화협약은 1992년 리우환경회의에서 150여 개국이 참여해 각국의 능력에 맞게 온실가스를 줄이기로 약속한 것이다. 하지만 구속력이 없는 것이 문제였다. 이에 1997년 선진국의 온실가스 감축 의무를 정량적으로 규정한 교토의정서를 채택했다.

⋮ 유엔기후변화협약의 시작

기후 변화, 특히 지구 온난화를 막기 위한 국제 사회의 노력은 1979년부터 시작됐다. 제1차 국제기후총회에서 세계 여러 나라를 대표하는 기후학자들이 한자리에 모여 기후 변화 문제의 심각성에 대해 열띤 논의를 펼쳤던 것이다. 이후 유엔환경계획UNEP은 세계기상기구와 함께 기후 변화가 세계 곳곳에 어떤 영향을 미치는지에 대해 연구했고, 그 결과 1988년 지구 환경에 대한 대응 방안을 마련하기 위해 '기후 변화에 관한 정부 간 협의체IPCC'를 설립했다.

1992년 6월 브라질 리우데자네이루에서 유엔 총회의 결의에 따라 유엔환경개발회의^{UNCED}가 개최됐다. '리우환경회의'라고도 불리는 이 회의에 150여 개국이 참여해 유엔기후변화협약^{UN Framework Convention on Climate Change, UNFCCC}을 채택했다. 이 자리에서 선진국과 개발도상국이 '공동의, 그러나 차별화된 책임'에 따라 각국의 능력에 맞게 온실가스를 감축하기로 약속했다.

유엔기후변화협약은 각국의 온실가스 배출·흡수 현황에 대한 국가 통계 및 정책 이행에 대한 국가보고서 작성, 온실가스 배출을 감축하기 위한 국내 정책 수립 및 시행, 온실가스 배출량 감축 권고 등을 주요 내용으로 담고 있다. 협약에는 기술적, 경제적 능력을 갖추고 있으면서 지금까지 에너지를 많이 써 온 선진국이 앞장서고 개발도상국의 사정을 배려한다는 차별화 원칙에 따라 협약 당사국을 3가지로 분류해 각기 다른 감축 의무를 지도록 규정했다. 즉 부속서 1^{Annex I} 국가, 부속서 2^{Annex II} 국가, 비부속서 국가로 구분했다.

먼저 부속서 1 국가에는 협약 체결 당시 경제협력개발기구^{OECD} 국가, 유럽경제공동체^{EEC} 국가, 산업 혁명 당시 경제적 부를 이룩한 국가(동유럽 시장경제 전환 국가)로 총 35개국이 포함됐는데, 이후 7개국이 추가됐다. 이 국가들에는 온실가스 배출에 대한 역사적 책임을 져야 한다는 이유로 2000년까지 온실가스 배출 규모를 1990년 수준으로 감축할 것을 권고했다.

부속서 2 국가에는 부속서 1 국가 중에서 동구권 국가를 제외한 OECD

국가(EEC 국가 포함)가 속했다. 협약 체결 당시 OECD 회원국이었던 24개 선진국이 '부속서 2 국가'로서 개도국이 기후 변화에 적응하고 온실가스를 감축할 수 있도록 재정을 지원하고 기술을 이전하는 의무를 진다.

비부속서 국가로는 부속서 1에 포함되지 않는 개발도상국이 분류됐다. 우리나라도 이에 속한다. 비부속서 국가는 온실가스 감축 의무를 지지 않지만, 온실가스 감축과 기후 변화 적응에 대한 보고, 계획 수립, 이행과 같은 일반적 의무를 감당해야 한다. 사실 모든 당사국은 온실가스를 감축하기 위한 국가 전략을 수립해 시행하고 이를 공개해야 하며, 통계 자료와 함께 정책 이행에 관한 보고서를 당사국총회COP에 전달해야 한다.

기후변화협약은 협약 당사국총회를 최고 의사결정기구로 두고, 협약의 이행과 논의는 당사국 합의로 결정한다. 부속기구는 당사국총회의 의사 결정을 지원하는데, 협약의 이행을 돕는 이행부속기구SBI와 과학기술적 측면을 검토하는 과학기술자문부속기구SBSTA가 있다. 당사국총회는 연 1회 개최되고, 두 부속기구 회의는 연 2회 개최되는데, 두 부속기구 회의 1회는 당사국총회와 연계해 열린다.

⁝ 교토의정서와 신축성 메커니즘

기후변화협약은 온실가스 감축에 대한 구속력이 없다는 것이 문제였다. 이런 문제를 해결하기 위해 마련한 방안이 바로 교토의정서다. 1997년 일본 교토에서 제3차 유엔기후변화협약 당사국총회COP3가 개최 됐는데, 여기서 선진국의 온실가스 감축 의무를 정량적으로 규정한 의정 서를 채택했다. 이를 '교토의정서'라고 한다. 의정서가 채택되기까지는 온실가스의 감축 목표와 감축 일정, 개발도상국의 참여 문제를 두고 선 진국과 선진국 사이, 선진국과 개도국 사이에서의 의견 차이로 심하게 대립했다. 교토의정서는 2005년 2월 공식적으로 발효됐다.

교토의정서에서는 이산화탄소를 비롯해 메탄, 아산화질소, 수소불 화탄소, 과불화탄소, 육불화황을 지구 온난화를 일으키는 온실가스로 정의했고, 부속서 1 국가들에게 제1차 공약기간인 2008~2012년에 온 실가스 배출량을 1990년 수준에 비해 평균 5.2% 감축하는 의무를 부과 했다. 비부속서 국가들에게는 유엔기후변화협약에서와 동일하게 온실가 스 감축과 기후 변화 적응에 대한 보고, 계획 수립, 이행 등 일반적인 조 치를 요청했다. 당사국은 온실가스를 줄이기 위한 정책과 조치를 취해야 하는데, 여기에는 온실가스의 흡수원과 저장원 보호, 에너지 효율 향상, 신재생에너지 개발 및 연구 등도 포함된다.

의무이행 대상국은 미국, 유럽연합 EU 회원국, 캐나다, 호주, 일본 등 37개국이다. 제1차 공약기간(2008~2012년) 동안 각국이 줄여야 하는 온 실가스 목표량은 −8~+10%로 다르다. 예를 들어 EU가 −8%, 일본이 −6%라는 목표량에 따라 온실가스를 감축하기로 했다. 이 감축 목표량

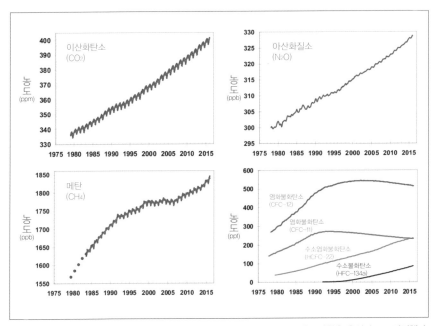

교토의정서에서는 이산화탄소, 메탄, 아산화질소, 수소불화탄소, 과불화탄소, 육불화황을 온실가스로 정의했다. 이 중 수소불화탄소(HFCs)는 오존층을 파괴해 사용이 규제된 염화불화탄소(CFCs), 수소염화불화탄소(HCFCs)를 대체하는 물질이다. ⓒNOAA

에는 1990년 이후 토지 이용 변화와 산림에 의한 온실가스 제거 분량을 포함하도록 했다.

아울러 교토의정서는 의무이행 당사국이 온실가스를 비용 측면에서 효과적으로 감축하고 개도국의 지속 가능한 발전을 지원할 수 있도록 '신축성 메커니즘flexibility mechanism'을 도입했다. 신축성 메커니즘에는 국제배출권거래제International Emission Trading, IET, 청정개발체제Clean Development Mechanism, CDM, 공동이행제도Joint Implementation, JI가 들어가 있다.

구체적으로 살펴보면, 국제배출권거래제는 온실가스 감축 의무가 있는 국가들에 배출쿼터를 부여한 뒤 국가 간에 배출쿼터의 거래를 허용하는 제도이며, 청정개발체제는 선진국이 개도국에서 온실가스 저감 사업을 시행해 감소된 실적 중 일부를 선진국의 저감량으로 인정하는 제도이다. 또 공동이행제도는 A 선진국이 B 선진국에 투자해 발생된 온실가스 감축분을 A 국의 감축 실적으로 허용하는 제도이다.

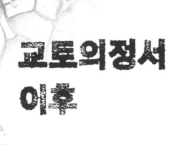

교토의정서
이후

교토의정서가 채택된 이후에도 세계 각국이 온실가스 감축을 두고 이견을 보였다. 미국처럼 온실가스 감축 의무가 있는 선진국의 일부가 교토의정서에서 탈퇴하거나 개발도상국에 대한 지원을 두고 의견이 갈렸다. 그래도 우여곡절 끝에 교토의정서 제2차 감축공약기간이 결정됐고, 신기후 체제를 열기 위한 협상 테이블도 준비됐다.

⋮ 2012년 이후는 어떻게?

교토의정서 채택 이후에도 지구 온난화를 막기 위해 온실가스를 감축하려는 노력과 그 구체적인 방안을 두고 선진국과 개도국 간의 의견 차이는 좁히지 못했다. 미국은 2001년 자국의 산업을 보호한다는 명목으로 교토의정서에서 탈퇴했고, 개도국의 대표 격인 중국은 한동안 온실가스 감축에 대해 어떤 발언도 내놓지 않았다.

2007년 인도네시아 발리에서 제13차 유엔기후변화협약 당사국총회COP13가 열렸는데, 이 자리에서 교토의정서 1차 공약기간(2008~2012년)의

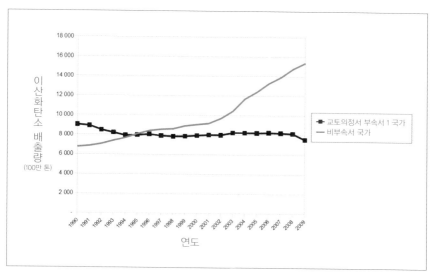

1990년부터 2009년까지 교토의정서 부속서 1 국가와 비부속서 국가의 연간 이산화탄소 배출(연료 연소) 비교

종료에 대비하기 위한 논의가 활발하게 펼쳐졌다. 논의 결과, 교토의정서에 불참했던 일부 선진국과 개도국까지 참여하는 '포스트 2012 체제'를 2009년 덴마크 코펜하겐에서 개최되는 제15차 유엔기후변화협약 당사국총회COP15에서 출범시키기로 합의했다. 그렇지만 선진국과 개도국이 온실가스 감축 목표, 개도국에 대한 재정 지원 등의 핵심 쟁점을 두고 서로의 간극을 좁히지 못했다. 결국 COP15에서 출범시키기로 한 '포스트 2012 체제'는 좌초되고 말았다. 2009년 COP15에서는 2100년까지 지구 기온의 상승폭을 산업화 이전에 비해 2℃ 이내로 억제하기로 원론적인 합의만 했다.

대신 2010년 멕시코 칸쿤에서 열린 제16차 유엔기후변화협약 당사

인류 공동의 노력과 신기후 체제

국총회COP16에서 과도기적 조치를 이끌어냈다. 2020년까지 연간 1,000억 달러 규모의 녹색기후기금을 조성하고, 산업화 이전에 비해 지구 온도 상승폭을 2℃로 억제하기 위한 긴급행동에 나서며, 열대우림을 보호하고자 개도국에 재정 등을 지원한다는 내용에 193개국이 합의했다. 이를 '칸쿤 합의'라고 한다.

교토의정서의 제2차 감축공약기간은 2012년 카타르 도하에서 열린 제18차 유엔기후변화협약 당사국총회COP18에서 정해졌다. 당사국들은 이 자리에서 교토의정서의 제2차 공약기간을 2013~2020년으로 정하고, 온실가스를 1990년에 비해 25~40% 감축하기로 합의했다. 이는 '도하 수정안'이라 불린다. 하지만 이 합의에는 기존 교토의정서 불참국인 미국 외에도 러시아, 캐나다, 일본, 뉴질랜드 등이 불참했다. 이에 따라 도하 수정안 참여국 전체의 온실가스 배출량이 전 세계 배출량의 15%에 불과했다. 교토의정서의 1차 공약기간 조치는 각국 의회의 승인을 받아야 해서 어느 정도 법적 구속력을 가졌던 반면, 2차 공약기간 조치(도하 수정안)는 각국 정부 차원에서 약속만 하면 돼 사실상 법적 구속력이 없었기 때문인지 참여가 저조했다.

⁞ 신기후 체제 협상의 기반을 마련하기까지

2011년 남아프리카공화국 더반에서 개최된 제17차 유엔기후변화협약 당사국총회[COP17]에서는 중요한 합의가 이루어졌다. 2020년 이후 모든 당사국이 온실가스 감축에 참여하는 신(新)기후 체제를 마련하기 위한 협상을 시작하기로 합의한 것이다. 이는 '더반 플랫폼'이라 불린다.

구체적인 방안은 2013년 폴란드 바르샤바에서 열린 제19차 유엔 기후변화협약 당사국총회[COP19]에서 제시됐다. 이 자리에서 당사국들은 지구 기온 상승을 산업화 이전에 비해 2℃ 이내로 억제하기 위해 필요한 조치로, 2020년 이후의 '국가별 온실가스 감축 기여 방안[Intended Nationally Determined Contributions, INDC]'을 자체적으로 결정한 뒤, 2015년 제21차 유엔기후변화협약 당사국총회[COP21] 이전에 사무국에 제출하기로 합의했다.

2014년 페루 리마에서 열린 제20차 유엔기후변화협약 당사국총회[COP20]에서 국가별 온실가스 감축 기여 방안[NDC]이 구체화됐다. ⓒCOP20

인류 공동의 노력과 신기후 체제

국가별 온실가스 감축 기여 방안[INDC]에 대해서는 2014년 12월 페루 리마에서 열린 제20차 유엔기후변화협약 당사국총회[COP20]에서 구체화됐다. 이 자리에서 INDC의 제출 절차와 일정을 규정하고 기여 방안에 반드시 포함돼야 할 정보 등을 명시한 '리마 선언'을 채택한 것이다.

이보다 앞선 2014년 11월에는 전 세계에서 주목할 만한 사건이 벌어졌다. 세계 온실가스 배출 1위 국가인 중국과 2위 국가인 미국의 정상이 만나 온실가스 감축에 대한 합의를 이끌어 냈다. 기후 변화 대응 체제를 거부해 오던 미국은 2025년까지 2005년 수준의 26~28%에 해당하는 온실가스를 감축하겠다고 했으며, 개도국의 좌장 격인 중국은 2030년 이후 더 이상 온실가스 배출을 늘리지 않겠다고 밝혔다.

이로써 제21차 유엔기후변화협약 당사국총회[COP21]에서 신기후 체제를 마련하기 위한 협상을 앞두고 협상 타결의 기초가 다져지고 분위기가 무르익어 갔다. COP21은 2015년 11월 프랑스 파리에서 개최됐다.

파리 협정과 신기후 체제

선진국에게만 온실가스 감축 의무를 지게 하는 교토의정서와 달리 파리 협정은 선진국과 개도국 모두에게 책임을 분담하게 한다. 각국이 국가별 온실가스 감축 기여 방안을 마련해 이를 이행하기로 한 것이다. 2020년 이후 신기후 체제 시대가 열린다.

국가별 온실가스 감축 기여 방안

2℃는 기후 변화 논의에서 상징적인 수치다. 만일 지금처럼 이산화탄소를 배출한다면, 21세기 말 지구의 평균 기온은 지금보다 무려 3.7℃나 높아진다. 또 온실가스 배출을 지금보다 다소 줄여 지구 온도가 2℃만 상승한다 하더라도 그 피해는 적지 않다. 열대 지역의 농작물이 대폭 감소해 약 5억 명이 굶주릴 위기에 처하고, 최대 6000만 명이 말라리아 전염병에 걸릴 가능성이 있으며, 33%의 생물이 멸종 위기에 놓이기 때문이다. 만일 지구 온도가 4℃나 올라간다면, 사태는 더 심각해진다. 유럽의 여름 기온이 50℃까지 치솟고, 그리스, 스페인, 이탈리아 등

이 황폐한 사막으로 바뀌며, 북극의 얼음이 사라져 북극곰처럼 추운 지방에 사는 생물은 멸종될 것이다.

IPCC 제5차 보고서에는 21세기 말까지 산업화 이전에 비해 평균 기온의 상승을 2℃ 이내로 억제하기 위해서는 전 지구적 차원에서 온실가스를 획기적으로 감축해야 한다는 내용이 실렸다. 구체적으로 전 세계 온실가스 배출량을 2050년까지 2010년에 비해 최대 70%까지 줄여야 한다는 것이다. 그래서 2009년 덴마크 코펜하겐에서 열린 COP15에서 2100년까지 지구 기온의 상승 폭을 산업화 이전에 비해 2℃ 이내로 억제하기로 했고, 2013년 폴란드 바르샤바에서 열린 COP19에서는 이 목표를 달성하기 위해 당사국들이 2020년 이후의 '국가별 온실가스 감축 기여 방안INDC'을 유엔기후변화사무국에 제출하기로 했다. 제출 기한은 COP21이 열리기 전까지였다.

187개국이 COP21을 앞두고 2025년 또는 2030년까지 온실가스를 얼마나 줄일 것인지를 담고 있는 INDC를 전달했다. 미국은 2025년까지 2005년 대비 온실가스를 26~28% 감축하겠다고 발표했고, 스위스는 2030년까지 1990년 대비 50%의 온실가스를 줄이겠다고 밝혔다. 중국은 2030년까지 2005년 GDP 대비 온실가스 배출량을 60~65% 감축하겠다고 발표했다. 인도네시아는 2030년까지 배출 전망치BAU 대비 온실가스를 29%(조건부 41%) 줄이겠다고 밝혔으며, 가봉은 2025년까지 BAU 대비 50%를 감축하겠다고 공표했다. 한국은 2030년 BAU 대비 온실가스 배출량을 37% 줄이겠다고 발표했다.

이렇게 국가별로 제시한 온실가스 감축안인 INDC는 설정한 기준이 제각각이다. 이런 점은 전 세계적으로 정확한 목표를 세우는 데 걸림돌이 된다. 그런데 이보다 더 큰 문제는 이들 감축안대로 온실가스 배출량을 감축한다고 해도 지구 기온의 상승 폭을 2℃ 이내로 제한하겠다는 본래 목표를 이룰 수 없다는 것이다. 2015년 11월 IPCC는 각국이 제출한 INDC의 내용을 분석한 결과 2100년 지구 기온이 산업화 이전에 비해 2.7℃ 정도 높아질 것으로 나타났다고 발표했다.

‘파리 협정’ 최종 합의문, 어떤 내용 담았나

2015년 11월 30일부터 2주간 프랑스 파리에서 열린 제21차 유엔 기후변화협약 당사국총회COP21에 전 세계인의 이목이 집중됐다. 195개 협약 당사국이 참여해, 5년이 지나 2020년이 되면 만료되는 교토의정서를 대체할 새로운 합의문을 마련하고자 열띤 토론을 벌였다. 195개국 대표들은 예정보다 하루 지난 12월 12일(현지 시각) 총회 본회의에서 2020년 이후 신기후 체제를 수립하기 위한 최종 합의문을 채택했다. 바로 '파리 협정' 최종 합의문이다.

31쪽 분량의 파리 협정 최종 합의문을 들여다보면, 신기후 체제의 장기 목표로 당사국들이 지구 평균 기온의 상승 폭을 산업화 이전에 비

2015년 파리 협정의 최종 합의문이 채택된 뒤 기뻐하고 있다. ⓒUNFCCC

해 2℃보다 '상당히 낮은 수준으로' 유지하되, 온도 상승을 1.5℃ 이하로
제한하기 위해 노력한다고 명시적으로 밝혀져 있다. 이는 지구 온난화
로 인해 해수면이 높아지면서 어려움을 겪고 있는 도서 국가들이나 기후
변화 취약 국가들이 꾸준히 요구해 온 사항을 반영한 것이다. 특히 투발
루, 몰디브를 포함한 도서 국가들은 지구 평균 기온이 2℃ 높아지면 섬
들이 물에 잠겨 사라지기 때문에, 지구 평균 기온의 상승 폭을 1.5℃ 이
하로 제한해야 한다고 강하게 주장해 왔다.

파리 협정은 1997년 채택된 교토의정서와 다르다. 교토의정서는 선
진국에게만 온실가스 감축 의무를 지웠지만, 파리 협정은 선진국뿐만 아
니라 개발도상국까지 참여해 온실가스 감축 책임을 분담하기로 했기 때
문이다. 전 세계가 파리 협정을 통해 기후 변화로 인한 재앙을 막는 데
동참하게 된 것이다.

COP21에 참가한 당사국들은 최종 합의문에서 21세기 말에는 인간
이 배출하는 온실가스 양이 지구가 이를 흡수하는 능력과 균형을 맞출

수 있도록 노력하기로 했다. 이는 사실상 온실가스 배출량을 0으로 만들 겠다는 야심찬 목표인 셈이다. 이런 목표를 이룩하기 위해서는 결국 석 탄, 석유 같은 화석에너지를 사용하지 않고 이를 신재생에너지로 대체하 려는 노력이 중요하다. 또 당사국들은 지구의 온실가스 총 배출량이 감 소 추세로 돌아서는 시점을 최대한 앞당기고 감소 추세에 들어서면 그 추세를 강화하기로 했다.

파리 협정 최종 합의문에는 온실가스를 더 오랫동안 배출해 온 선진 국이 더 많은 책임을 지고 개도국의 기후 변화 대응을 지원한다는 내용 도 들어갔다. 선진국은 2020년부터 개도국의 기후 변화 대처 사업에 매 년 최소 1,000억 달러(약 115조 원)를 지원하고 기후 변화 대처에 관련된 기 술 전수 및 정보 공유 등에도 협력하기로 했다.

최종 합의문에서 제시된 장기 목표를 달성하는 것은 쉽지 않다. 현 재 지구 평균 기온이 이미 산업화 이전보다 1℃ 정도 높아진 상태이므 로, 각국이 약속한 온실가스 감축안을 모두 이행하더라도 1.7℃ 이상 추 가로 높아질 것으로 예측되기 때문이다. 이런 문제를 의식해서인지 합의 문에는 5년이란 점검 주기를 두었다. COP21에 참여한 국가들은 장기 목표에 근접하기 위해 앞으로 5년마다 점차 강화된 온실가스 감축 목표 와 이행 방안을 내놓기로 했다. 또한 탄소시장 메커니즘 도입이란 쟁점 을 두고는 최종 합의문에서 모든 당사국이 장기 저탄소 개발 전략을 마 련해 2020년까지 제출하도록 노력할 것을 요청했다.

협정 비교 항목	교토의정서	파리 협정
개최 도시 및 회의	일본 교토, 제3차 유엔기후변화협약 당사국총회(COP3)	프랑스 파리, 제21차 유엔기후변화협약 당사국총회(COP21)
채택 시점	1997년 12월 채택, 2005년 발효	2015년 12월 12일 채택
대상 국가	주요 선진국 37개국	195개 협약 당사국
적용 시기	2020년까지 기후 변화 대응 방식 규정	2020년 이후 '신기후 체제'
목표 및 주요 내용	• 기후 변화의 주범인 주요 온실가스 정의 • 온실가스 총배출량을 1990년 수준보다 평균 5.2% 감축 • 온실가스 감축 목표치 차별적 부여(선진국에만 온실가스 감축 의무 부여) ※미국, 캐나다, 러시아, 일본 등 선진국의 거부와 불참 등으로 한계점 드러남	• 지구 평균 온도의 상승폭을 산업화 이전에 비해 1.5℃까지 제한하는 데 노력 • 온실가스를 좀 더 오랫동안 배출해 온 선진국이 더 많은 책임을 지고 개도국의 기후 변화 대처를 지원 • 선진국은 2020년부터 개도국의 기후 변화 대처 사업에 매년 최소 1,000억 달러 지원 • 선진국과 개도국 모두 책임을 분담하며 전 세계가 기후 재앙을 막는 데 동참 • 협정은 구속력이 있으며, 2023년부터 5년마다 당사국이 온실가스 감축 약속을 지키는지 검토
우리나라의 해당사항	감축 의무가 부과되지 않음	2030년 배출 전망치 대비 37% 감축안 발표

그렇다면 각국의 기여 방안에 대한 국제법적 구속력이 있을까? 합의문 외에 별도 등록부를 두어 관리하지만, 온실가스 감축 계획의 이행을 국제법적으로 구속하는 장치는 마련돼 있지 않다. 그렇다고 해도 이행을 소홀히 하기는 쉽지 않다. 투명한 검증 과정을 거쳐 이행 단계를 국제 사회에 공개하기로 했으므로, 만일 자국의 감축 계획대로 이행하지 않는다면 국제 사회에 한 약속을 어기는 '불량 국가'라는 비난을 감수해야만 하기 때문이다.

한국의 노력과 탄소 배출권

우리나라는 교토의정서 체제하에서는 온실가스 감축 의무가 없었지만, 이산화탄소 배출에서 세계 7위를 기록하고 있어 국제 사회에 대한 책임을 느끼고 있었다. 신기후 체제하에서 한국은 '2030년 배출 전망치 대비 37% 온실가스 감축'이란 목표를 제시했다. 여기에는 국제탄소시장에서의 온실가스 배출권 거래를 활용한 방안이 비중 있게 포함돼 있다.

⋮ 한국의 야심찬 온실가스 감축 목표

1993년 12월 유엔기후변화협약에 가입한 우리나라는 교토의정서 체제하에서 비부속서 국가로 분류돼 온실가스 감축 의무가 없었다. 그렇지만 경제 규모에서 전 세계 15위인 한국은 국제 사회로부터 적극적인 온실가스 감축을 요구받아 왔다. 한국은 2012년 기준으로 이산화탄소 배출(연료 연소)에서 세계 7위이며, 온실가스 누적 배출에서 세계 16위이고, 1인당 온실가스 배출량에서 OECD 국가 중 6위를 기록했기 때문이다.

2009년 우리나라는 '2020년 온실가스 배출량을 배출 전망치[BAU](5억

4300만 톤) 대비 30% 감축'이라는 목표를 자발적으로 설정해 발표했다. 이런 목표는 IPCC가 권고한 최고 수준이며, 전 세계의 기후 변화 대응에 적극적으로 동참하려는 의지를 반영한 것이다. 이 목표를 달성하기 위해 정부는 2010년 1월 '저탄소 녹색성장 기본법'을 제정했다. 2015년 COP21을 앞두고 한국은 국제 사회의 책임을 다하고자 온실가스 감축 목표를 '2030년 BAU(8억 5060만 톤) 대비 37%'로 결정했다. 이는 기존 감축 목표보다 강화된 것이다.

　　우리나라는 또한 2009년 '유엔기후정상회의'에서 '국가 적정 감축 행동 등록부 Nationally Appropriate Mitigation Actions Registry, NAMA Registry'를 설치하자고 제안했다. 이는 개도국의 감축 행동을 국제적으로 인정해 개도국이 자발적으로 온실가스 감축에 나설 수 있도록 하는 메커니즘이다. 이런 제안은 선진국과 개도국 간의 입장 차이를 좁힐 수 있는 중재안으로 평가받으면서 2010년 칸쿤 합의에 반영됐다.

　　우리나라는 기후 변화 대응의 재원 분야에서도 활발히 활동하고 있다. 2010년 칸쿤에서 열린 COP16에서는 개도국의 온실가스 감축 및 적응 활동을 지원하기 위해 녹색기후기금 Green Climate Fund, GCF을 조성하기로 합의했는데, 2012년 10월 우리나라는 치열한 경쟁 끝에 GCF 사무국을 인천 송도에 유치하는 데 성공했다. 2014년 9월 열린 '유엔기후정상회의'에서는 한국의 대통령이 멕시코 대통령과 함께 '기후 재원Climate Finance' 세션의 공동 의장을 맡았으며, 기조 연설에서 GCF에 최대 1억 달러를 출연하겠다고 밝혔다. 우리나라가 GCF 재원 조성 초기에 선도적 역할을 한 덕분에 주요국들의 출연이 이어져, 2015년 7월 GCF 재원은 당초 목표인 100억 달러를 돌파했다.

⁑ 배출권 거래제가 온실가스 감축안?!

우리 정부는 2015년 5월, 신기후 체제 출범을 앞두고 우리나라의 온실가스 감축 목표를 2030년 BAU 대비 37%로 결정했다. 그동안 사회적 공론화 과정에서 우리나라가 제조업 위주의 경제 구조를 감안할 때 온실가스를 대폭적으로 감축하는 것이 어렵고 국내 산업계에 부담을 줄 수 있다는 주장도 제기됐으나, 우리나라는 기존의 정부 시나리오 3안인 'BAU 대비 25.7% 온실가스 감축안'을 채택하되, 국제 시장을 활용한 온실가스 감축분 11.3%를 추가하기로 결정한 것이다. 또한 우리나라는 신기후 체제에 적극적으로 동참하기 위한 방안으로 에너지 신산업을 통한 온실가스 감축, 개도국과 새로운 기술 및 비즈니스 모델 공유, 국제탄소시장 구축 논의 참여 등을 제안했다.

한국의 온실가스 감축 목표에서 국제 시장을 활용한 온실가스 감축분이 큰 비중을 차지하고 있다. 이는 국제탄소시장에서 탄소 배출권(온실가스 배출권)을 거래해 온실가스를 감축하겠다는 뜻이다. 온실가스 배출권은 특정 기간 동안 일정량의 온실가스를 배출할 수 있는 권한이며, 탄소 배출권 거래제는 온실가스 배출권을 사고팔 수 있도록 한 제도를 말한다. 각 국가가 부여받은 할당량을 초과해 온실가스를 배출할 때 탄소 배출량에 여유가 있는 다른 국가로부터 배출권을 사들일 수 있고, 반대로 온실가스 배출량이 할당량 미만일 때는 여유분을 다른 국가에 팔 수 있다. 온실가스 배출 할당량은 국가별로 부여되지만, 탄소 배출권 거래는 대부분 기업들 사이에서 이루어진다. 앞으로는 국제탄소시장에서 국가 간 거래가 활발해질 것으로 보인다. 한국뿐만 아니라 스위스, 캐나다, 모로코, 멕시코 등도 온실가스 감축 방안 중 하나로 국제탄소시장을 활용할 계획이다.

유럽연합^{EU}은 2005년부터 배출권 거래제를 도입했는데, 2015년 현재 31개 국가가 참여해 세계 최대 규모의 배출권 거래 시장을 형성하고 있다. 2012년 기준으로 보면 전 세계 배출권 거래량(107억 3000만 톤)의 72%에 달하는 77억 2000만 톤이 EU 배출권 거래 시장에서 거래되고 있다. 2016년 말 기준으로 EU 배출권 시장의 총거래 금액은 260억 유로(약 33조 8,000억 원)에 달했다. 세계은행은 2020년 세계 배출권 시장이 3조 5,000억 달러(약 4,000조 원)에 이르러 석유 시장을 추월할 것으로 예상한다.

현재 유럽을 비롯한 여러 나라에서 배출권 거래제를 시행하고 있거나 도입하려 하고 있다. EU, 스위스, 뉴질랜드, 중국 등은 배출권 거래제를 전국 단위로 시행하는 반면, 미국, 일본, 캐나다 등은 일부 지역에서 시행하고 있다. 호주, 대만, 멕시코, 브라질, 칠레 등은 배출권 거래제를 도입하려고 준비하고 있다.

⁝ 국내 시장에 온실가스 배출권 거래제 도입

우리나라는 2012년부터 산업 부문에서 온실가스·에너지 목표관리제를 시행했으며, 배출권 거래제의 근거 법령인 '온실가스 배출권의 할당 및 거래에 관한 법률'을 제정했다. 직접 감축만 인정하는 목표관리제의 단점을 보완하기 위해 2015년부터 국내 시장에 온실가스 배출권 거래제를 도입했다. 온실가스 배출권 거래제는 정부가 온실가스를 배출하는 기업에 연 단위로 배출권을 할당해 그 범위 안에서 배출할 수 있도록 하고, 기업은 실질적인 온실가스 배출량을 평가해 부족분 또는 여유분의 배출권을 다른 기업과 거래할 수 있도록 허용하는 제도를 말한다. 다시 말해 기업이 온실가스를 많이 감축하면 정부가 할당한 배출권 가운데 초과 감축량을 시장에 팔 수 있고, 반대로 기업이 적게 감축해 배출 허용량을 넘은 경우 부족한 부분을 배출권으로 살 수 있다. 기업 입장에서는 직접적인 온실가스 감축 또는 배출권 구매를 자율적으로 결정해 온실가스 배출 할당량을 지킬 수 있다.

정부는 산업계, 전문가, 시민단체 등으로부터 다양한 의견을 수렴해 2014년 1월 국가 BAU를 재검증하고 온실가스 감축 목표를 이루기 위해 산업, 수송, 건물 등 7개 부분별 감축 정책과 이행 수단을 포함한 '국가 온실가스 감축 목표를 달성하기 위한 로드맵'을 마련했고, '배출권 거래제 기본 계획'을 세워 향후 10년의 배출권 거래제 운영 방향을 제시했다. 국가 배출권 할당 계획은 2014년 9월에 확정됐는데, 2015~2017

인류 공동의 노력과 신기후 체제

년의 제1차 계획 기간 동안 배출량 총량은 16억 8700만 톤 수준이다. 2014년 12월 온실가스 배출권을 23개 업종의 520여 개 업체에 할당했고, 2015년 1월 1일부터 온실가스 배출권 거래제를 시행했다. 배출권 거래소는 한국거래소^{KRX}로 지정했다.

환경부 소속 온실가스종합정보센터의 '제1·2차 이행연도 배출권 거래제 운영결과보고서'에 따르면, 할당 대상업체의 배출권 제출 의무 이행률은 2015년 522개 업체 99.8%에서 2016년 560개 업체 100%로 높아졌다. 배출권 장내 거래량은 2015년 120만 톤에서 2016년 510만 톤으로 4배 이상 늘었으며, 거래 금액은 2015년 139억 원에서 2016년 906억 원으로 6배 이상 증가했다.

배출권 거래제는 여러 가지 장점이 있다. 먼저 기업은 온실가스를 감축하기 위해 직접 감축, 배출권 거래, 외부저감실적 사용, 배출권 차입 등의 다양한 방법 중에서 가장 유리한 것을 선택할 수 있다. 또한 기업이 온실가스를 줄이기 위해 녹색기술을 개발하고 신재생에너지를 사용하도록 유도해 새로운 성장동력이 창출될 수도 있다.

유럽은 배출권 거래제를 도입한 뒤 기업의 연료 효율 개선, 저탄소 기술 개발, 신재생에너지 부문의 활성화 등이 이뤄지고 있다. 예를 들어 영국의 드랙스 파워는 발전기를 개조해 연간 자동차 100만 대가 배출하는 분량의 온실가스를 줄였고, 유럽 2위 철강업체인 코러스는 초저탄소 철강을 개발하는 기술을 혁신하는 데 5,900만 유로를 투자했다.

지구 온난화, 어떻게 해결할까?

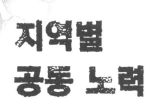

지역별
공동 노력

전 세계에서 지구 온난화의 피해가 큰 곳 중 하나가 바로 섬이다. 온난화에 의해 해수면이 상승하면 그 피해를 제일 먼저 받기 때문이다. 섬나라들이 힘을 모아 기후 변화에 대응하고 있을 뿐 아니라 많은 섬들이 친환경 개발을 추진하고 있다. 특히 유엔의 군소도서개발국 동맹, 국제 녹색섬연합회 등을 통해 공동으로 대처하고 있다.

‡ 전 세계 도서 지역, 힘 모으다

전 세계 도서 지역의 경우 지구 온난화는 그들의 생존이 걸린 문제다. 많은 도서 지역은 이 문제에 개별적으로 대응하기보다 공동체를 구성해 힘을 모아 대응하고 있다. 대표적인 사례는 유엔의 군소도서개발국 동맹이 있다. 군소도서개발국Small Island Developing States, SIDS은 낮은 해안의 저지대를 가진 세계 각지의 도서 국가로, 1992년 리우환경회의를 통해 그 개념이 정립됐다. 현재 유엔은 군소도서개발국을 57개로 집계하고 있는데, 이 국가들의 대부분이 유엔의 군소도서개발국 동맹에 속해 있다. 이

2014년 사모아에서 유엔 주재로 군소도서개발국에 대한 제3차 국제회의가 열렸다. ©US Embassy New Zealand

들은 자연재해에 민감하고 자원이 부족하며 외부 환경에 취약하고 국제 무역 의존도가 높다는 자신들의 공동 문제를 해결하기 위해 노력하고 있 다. 2014년에는 군소도서개발국에 대한 제3차 국제회의가 유엔 주재로 사모아에서 열리기도 했다. 회원국들과 유엔의 주요 인사들이 이 자리에 모여서, 국제 사회 간의 협력을 강화해 군소도서개발국의 지속 가능한 개발을 추진하는 것에 대해 논의했다.

　카리브해 지역을 친환경적으로 개발하기 위한 조직도 있다. 바로 2009년 설립된 '카본워룸Carbon War Room'이다. 탄소 배출을 줄이고 저탄소 경제를 발전시키고자 탄생한 비정부기구이자 연구기구이다. 카리브해 도서는 전 세계적으로 유명한 관광지인데, 전기 비용이 매우 높은 편이 며, 시장성이 있는 곳에만 많은 투자가 이루어지고 있어, 서로의 협력을 통해 균형 있고 자율적인 발전이 필요하다. 관련 문제를 해결하기 위해서는 공동체적인 협력이 요구된다. 카본워룸은 에너지 효율을 높이고 이산화탄소 배출량을 대규모로 감축하는 저탄소 섬을 구축하기 위해 에너지 자원을 효과적으로 배분하고, 도서 지역 간의 기술 정보를 제공하며 실질적인 프로그램을 개발하고자 노력하고 있다.

대부분의 섬 국가들이 겪고 있는 생태계와 농업의 폐해에 대처하고 있는 재단도 있다. 미국의 빌 클린턴 전 대통령이 설립한 클린턴 재단이다. 이 재단은 대표적인 친환경 공동체로서 기후 변화, 경제개발, 세계보건, 보건과 건강, 여성과 소녀라는 주제로 활발한 사업을 진행하고 있다. 클린턴 재단은 25개의 섬 국가들과 함께 재생에너지 개발 사업을 진행하는 한편, 폐기물과 물에 관련된 문제를 해결하기 위한 방책을 구상하며 이행하고 있다. 예를 들어 아이티에서는 저렴한 대체 청정에너지를 개발하고자 노력하며, 폐기물을 관리하기 위한 재활용 시스템을 구축하고 있다.

⁑ 녹색섬 개발 프로젝트

현재 가라앉고 있진 않지만, 친환경 개발의 선도적인 역할을 하는 섬도 있다. 바로 녹색섬이다. 예를 들어 덴마크의 삼소섬과 보른홀름섬, 스페인의 엘이에로섬이 있다.

삼소섬은 덴마크 중앙에 위치해 114km²의 면적에 4000여 명이 사는 작은 섬으로, 전 세계의 대표적인 녹색섬이다. 덴마크는 1997년 삼소섬을 재생에너지 섬으로 지정해 풍력, 바이오매스 등과 관련된 인프라를 구축하고, 섬 전체 전력 수요의 100%를, 열 수요의 70%를 재생에너지로 공급하고 있다. 삼소섬에는 육상·해상 풍력발전기, 밀짚 연소 난방 공장, 나무조각 연소 난방 공장 등을 건설했다. '10년 내 100% 재생에너지 자립의 섬, 100% 탄소 중립의 섬으로 만들겠다'는 목표 아래 주민이 적극적으로 참여해 삼소섬은 사업 시작 6년 만에 풍력, 태양열, 바이오매스 등 재생에너지로 섬의 에너지 수요를 모두 충당할 수 있게 됐다.

보른홀름섬은 2025년까지 100% 지속 가능하고 탄소 중립의 섬을 만든다는 '밝은 녹색섬Bright Green Island' 개발 정책을 추진해 왔다. 이 정책의 목표는 단순한 에너지 자립이 아니라 지속 가능한 녹색성장이다. 즉 화석 연료 대신 풍력, 태양에너지, 바이오매스 같은 재생에너지만 사용한다는 뜻이다. 덴마크 지방 정부는 지멘스, IBM, 덴마크 에너지 등과 컨소시엄을 구성해 2009년부터 섬 내의 자동차를 전기차로 바꾸려는 프로젝트를 진행해 왔다. 또한 섬 내의 재생에너지 시설을 관광 자원으로 활용하는 한편, 섬 전체를 세계 각국 기업의 재생에너지 테스트베드라고 마케팅하고 있다.

엘이에로섬은 스페인의 카나리아 제도에서 가장 서쪽에 있는데, 278km² 면적에 1만여 명이 살고 있다. 2014년 6월부터 본격적으로 풍력–수력 혼합발전소를 가동하기 시작하면서 재생에너지를 이용해 100% 에너지 자급자족을 실현하고 있다. 이 섬은 연중 대륙에서부터 풍부한 바람이 불어오는데, 평소 여분의 전력으로 항구 인근의 저수지 물을 해발 700m의 화산 분화구까지 끌어올려 바람이 불지 않을 때 이 물

재생에너지 자급도를 100%로 만드는 정책을 추진해 온 덴마크 보른홀름섬

을 이용해 발전할 수 있다. 이로써 매년 이산화탄소 배출량 1만 8700톤을 감축할 수 있으며, 기존의 발전용 디젤 6000톤도 절감할 수 있게 됐다.

유럽에서는 국제녹색섬연합회ISLENET도 운영하고 있다. 국제녹색섬연합회는 지속 가능한 에너지 및 환경을 위한 유럽 도서 네트워크로서 13개국 52개 섬이 참여하고 있다. 흥미롭게도 울릉도는 2011년 아시아 최초로 국제녹색섬연합회에 가입했다. 울릉도는 2020년까지 태양광, 풍력, 소수력(작은 강이나 계곡의 소규모 수력 활용), 지열, 연료 전지 등을 이용해 세계 최대 규모의 친환경에너지 자립섬으로 거듭나기 위해 애쓰고 있다.

우리나라에서도 친환경 녹색섬을 조성하기 위해 노력하고 있다. 대표적으로 제주도는 풍력, 태양열, 태양광, 지열, 바이오에너지 등을 활용해 발전시설을 건설하면서 이산화탄소 배출을 줄이려고 힘써 왔다.

아시아 최초로 국제녹색섬연합회에 가입한 울릉도 ⓒKorea.net

2015년 정부는 덕적도, 조도, 거문도, 삽시도, 추자도 총 5개 섬을 선정해, 도서 지역의 디젤발전기를 신재생에너지로 대체하는 에너지 자립섬 사업을 본격적으로 추진하기 시작했고, 이후 63개 섬으로 사업을 확대하고자 노력했다.

초등학교 6학년 사회 교과서의 '통일 한국의 미래와 지구촌의 평화' 단원에서 '지속 가능한 지구촌'을 다루고 있다. 여기서 지구촌의 주요 환경 문제를 조사해 해결 방안을 탐색하고, 환경 문제 해결에 협력하는 세계 시민의 자세를 배운다. 또한 지속 가능한 미래를 건설하기 위한 과제(친환경적 생산과 소비 방식 확산 등)를 조사하고, 세계 시민으로서 이에 적극 참여하는 방안을 찾아본다.

중학교 사회② 교과서 '환경 문제와 지속 가능한 환경' 단원에서는 2015년 말 190여 개국이 서명한 파리 협정이 소개되고 있다. 파리 협정은 산업화 이전에 비해 지구 평균 온도 상승폭을 2℃ 이내로 제한하고자 선진국과 개발도상국 모두 의무적으로 온실가스 배출량을 줄이기로 한 국제 협약이다. 또 교과서에 따라서는 탄소 배출권 거래제를 설명하는 자료도 실려 있다. 탄소 배출권 거래제는 온실가스 감축을 유도하기 위해 온실가스 배출 권리를 사고팔 수 있도록 한 제도이다.

고등학교 지구과학Ⅰ 교과서의 '대기와 해양의 상호 작용' 단원에서 기후 변화 협약을 학습 요소 중 하나로 언급하고 있다. 특히 교토의정서, 파리 협정 등에 주목할 필요가 있다.

Chapter 05

지구 온난화를 막기 위해서는 온실가스인 이산화탄소를 잡아야 한다. 제품의 생산에서부터 소비, 폐기 과정까지 나오는 이산화탄소도 추적해 이를 감축하려는 노력이 필요하다. 개개인이 친환경 소비, 에너지 절약 등에 동참할 수도 있으며, 정부나 지자체에서는 온실가스 배출을 규제하고, 과학자들은 이산화탄소를 포집·저장·활용하려는 연구를 하고 있다. 또한 국가와 세계 차원에서 화석 연료 대신 신재생에너지를 사용하는 비중도 높여 가야 한다.

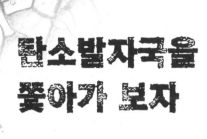

탄소발자국을 쫓아가 보자

샤워를 하고 커피를 마시고 자동차를 타고 햄버거를 먹기까지 이산화탄소가 많이 발생된다. 이렇게 배출된 이산화탄소 양이 바로 탄소발자국이다. 지구 온난화를 막으려면 우리가 남기는 탄소발자국에 주목하고, 이를 줄이기 위해 노력해야 한다.

탄소발자국이란

동네 마트에 가보면 진열대에서 즉석밥이나 탄산음료처럼 CO_2 그림이 들어 있는 식품을 발견할 수 있다. 이 식품은 제조 과정에서 나오는 이산화탄소를 줄이기 위해 노력하고 있으며, 이를 정부로부터 인증받았다는 표식이다.

어떤 물건이 만들어질 때부터 없어질 때까지 이산화탄소가 배출된다. 제품의 생산 단계부터 폐기 단계까지 발생되는 이산화탄소의 양을 '탄소발자국carbon footprint'이라고 한다. 탄소발자국은 개인이나 단체가 활동하면서 직간접적으로 배출하는 온실가스 배출량을 이산화탄소로 환산한 총량을 말한다. 여기에는 일상생활에서 사용하는 전기, 연료, 물품 등이 포함된다. 탄소발자국이란 용어는 2006년 영국 의회과학기술국POST이 만들어, 개인별이나 제품별로 탄소 배출량을 계산할 수 있게 해준다.

　탄소발자국은 무게 단위인 kg이나 우리가 심어야 할 나무그루 수로 나타낸다. 예를 들어 1회용 종이컵의 경우 무게는 겨우 5g이지만 탄소발자국은 이보다 2배가 넘는 11g이다. 1년 동안 우리 국민이 약 120억 개의 종이컵을 사용하는데, 이를 탄소발자국으로 따져 보면 13만 2000톤에 달한다. 국립산림과학원의 조사에 따르면 20년생 소나무 한 그루당 연간 이산화탄소 흡수량이 평균 2.76kg이므로, 이렇게 어마어마한 양의 이산화탄소를 흡수하기 위해서는 20년생 소나무를 4780만 그루나 심어야 한다. 우리 국민 한 사람당 적어도 1년에 20년생 소나무 한 그루씩은 심어야 종이컵이 남긴 탄소발자국을 상쇄시킬 수 있다는 뜻이다.

영국 카본 트러스트 탄소발자국 마크가 부착된 제품 ⓒflickr

⁞ 국내 탄소라벨링 제도는 탄소성적표지 제도

탄소발자국을 소비자가 알 수 있도록 제품에 라벨을 붙이게 하는 제도를 '탄소라벨링carbon labelling 제도'라고 한다. 이 제도는 2007년 영국에서 제조업체와 유통업체가 모인 '카본 트러스트Carbon Trust' 사가 '탄소감축라벨carbon reduction label'을 인증받은 것에서 시작됐다. 이후 탄소의 발생 자취를 뒤쫓는다는 의미에서 '발자국footprint' 모양을 사용했기 때문에 탄소발자국이라고 부르게 된 것이다.

탄소라벨링 제도는 영국뿐 아니라 스웨덴, 스위스, 미국, 캐나다, 일본, 태국 등으로 확산되면서 이 제도를 도입하는 나라가 점차 늘고 있다. 우리나라는 2009년 2월부터 '탄소성적표지 제도'라는 이름으로 본격적으로 시행하고 있다. 생산, 운송, 사용, 폐기 등 전 과정에서 발생하는 탄소의 총량(탄소발자국)을 제품에 라벨(표지) 형태로 표시하는 것이다. 탄소성적표지 제도가 실시된 이후 2015년 기준으로 총 189개 기업의 1667개 제품이 인증을 받았다. 우리나라는 1만 2000여 개 제품이 인증받은 영국에 이어 두 번째로 많은 탄소라벨링 인증 제품을 확보한 것이라고 한다. 2016년 7월에는 탄소성적표지 제도가 환경성적표지 제도에 흡수통합됐는데, 이는 탄소성적을 환경성적표지의 '제품의 환경성에 대한 정보' 중 하나로 운영하고자 한 것이다. 2017년 1월부터는 탄소성적표지란 명칭이 탄소발자국으로 바뀌었고 디자인도 변경됐다.

우리나라 탄소발자국(탄소성적표지) 제도는 온실가스 감축과 관련해 제

우리가 활동하면서 직간접적으로 배출하는 이산화탄소 양인 탄소발자국을 꼼꼼히 따져봐야 한다.

품에 인증을 부여하는 체계를 2단계로 갖추고 있다. 먼저 1단계(측정하기)는 '탄소발자국(탄소 배출량) 인증'이다. 제품을 생산하고 폐기하기까지 발생한 온실가스 배출량을 정량적으로 파악해 이산화탄소 양으로 환산한 뒤 제품에 표시한다. 다음으로 2단계(줄이기)는 '저탄소제품 인증'이다. 탄소 배출량 인증을 받은 제품 중에서 탄소 배출량을 줄이고 탄소 배출량이 동종 제품의 평균 탄소 배출량보다 적은 제품에 인증 마크를 붙여 준다. 추가로 과거 탄소성적표지 제도 하에서는 3단계(상쇄하기)로 '탄소중립제품 인증'이 있었다. 저탄소제품 인증을 받은 제품 중에서 탄소 배출량을 감축 활동이나 탄소 배출권 구매를 통해 상쇄함으로써 탄소 배출량을 0으로 만든 제품에 부여한 것이다.

지구 온난화를 막기 위한 방법

탄소발자국(탄소성적표지) 인증을 받은 다양한 제품은 한국환경산업기술원 환경성적표지 사이트(www.epd.or.kr)에서 찾아볼 수 있다. 여기서는 어떤 제품들이 단계별로 얼마만큼의 온실가스를 배출하고 있는지, 어떤 인증을 받았는지 확인할 수 있다. 이렇게 인증받은 제품은 소비자들에게 친환경적인 상품이라는 이미지를 얻을 수 있다. 이것이 매출 증가로 이어진다면 기업은 친환경적 제품 개발에 더 많이 투자할 수 있어 환경을 위한 선순환 구조가 형성될 수 있을 것이다. 즉 기업이 제품의 탄소발자국을 줄이기 위해 더 많이 노력할 수 있다.

지구 온난화를 막는 개인의 노력

지구 온난화는 전 세계가 힘을 합쳐 막아야 하지만, 개개인도 일상생활에서 노력해야 한다. 친환경 제품을 사용하는 한편 일회용품의 사용은 줄이고, 전기, 수돗물, 종이 등을 절약하며, 겨울에 내복을 입고 실내 온도를 조금 낮추는 식의 노력이 바로 지구를 보호하는 방법이기 때문이다.

탄소발자국을 줄이려면

탄소발자국은 물건을 생산할 때뿐 아니라 일상생활에서 물품, 전기, 연료 등을 사용하거나 각종 교통수단을 이용할 때도 발생한다. 개인이 탄소발자국을 줄이기 위해 다양한 노력을 할 수 있지만, 가장 먼저는 탄소성적표지 인증, 특히 탄소중립제품 인증을 받은 친환경 제품을 사용하는 것이 좋은 방법이다.

우리나라에서는 사람들이 일상생활에서 탄소발자국을 줄이는 녹색 생활을 실천할 수 있도록 권장해 왔다. 2008년부터 범국민 실천 운동인 '그린스타트 운동'을 시작했고, 2011년부터는 이를 장려하기 위해 그린

과거의 탄소성적표지 ⓒ환경부   새로 바뀐 탄소발자국 인증 마크 ⓒ환경부

카드를 발급하기 시작했다. 특히 그린카드의 경우 탄소발자국 인증을 받은 물건을 구입하거나 가정에서 전기, 수돗물, 도시가스의 사용량을 절감하면 에코머니라는 포인트를 적립해준다. 그린카드를 이용하면 포인트를 현금처럼 쓰거나 대중교통을 탈 때 할인 혜택을 받을 수 있다.

우리가 일상생활 중에 얼마만큼의 탄소발자국을 남기는지 어떻게 알 수 있을까? 한국기후·환경네트워크^{KCEN}에서는 탄소발자국 기록장에 해당하는 탄소 가계부를 작성할 수 있도록 돕고 있다. 관련 사이트에서는 가정의 전기, 수돗물, 가스 사용량 및 쓰레기 배출량을 입력하면 그에 해당하는 탄소발자국을 알려준다.

⁞ 먹는 것도 가려 먹어야

하루 평균 홍차 네 잔을 물만 부어 마시면, 연간 온실가스 배출량이 이산화탄소 30kg에 해당된다. 이는 자동차로 64km를 운전하며 배출하는 양과 같다. 하루 평균 라떼 세 잔을 마신다면, 연간 온실가스 배출량은 하루 평균 홍차 네 잔 마실 때보다 대략 20배나 많다. 이는 비행기가 유럽을 절반가량 날아가며 발생시키는 온실가스 배출량과 비슷하다.

이 차이는 우유에 있다. 커피를 마실 때 발생하는 온실가스의 3분의 2는 커피에 섞는 유유에서 나온다. 우유 생산 과정에서 나오는 온실가스 양은 커피를 재배하고 가공한 뒤 물을 끓여 마실 때까지 생기는 온실가스 배출량보다 더 많다. 왜냐하면 우유를 생산하는 소는 먹이를 되새김질하며 트림하고 방귀 뀔 때 온실가스인 메탄을 배출하기 때문이다. 따라서 차나 커피를 마실 때는 물만 넣거나 우유를 적게 타는 것이 탄소발자국을 줄이는 방법이다. 우유 거품이 들어간 라떼나 카푸치노는 물만 넣은 아메리카노보다 4~5배가량 많은 온실가스를 발생시킨다. 또한 필요 이상으로 많은 물을 끓이기보다 잔에 물을 부어 필요한 만큼만 물을 끓인다면, 역시 탄소발자국을 줄일 수 있다.

점심은 간단하게 햄버거를 먹기도 하는데, 햄버거 1개의 탄소발자국은 약 2.5kg이나 된다. 햄버거 1개를 먹기까지 생산 원료, 포장 용지와 플라스틱, 매장 운영 등에 필요한 탄소발자국까지 모두 계산해 넣어야 하기 때문에 탄소발자국이 이렇게 높은 것이다.

탄소발자국을 줄이는 방법 중 하나는 고기 섭취량을 줄이는 것이다. 1kg의 고기가 식탁에 오르려면 가축에게 30kg이 넘는 곡물을 먹여야 하기 때문이다. 일주일에 하루 정도는 육식 대신 채식을 한다면, 온실가스 배출량을 줄이는 데 기여할 수 있을 것이다.

또한 '신토불이' 제철음식 먹기도 탄소발자국을 줄이는 좋은 방법이다. 음식의 생산에서 유통까지 이동하는 거리가 멀수록 굉장한 양의 화석 연료가 소모되기 때문이다. 음식을 멀리 운송하려면 포장 재료도 많이 필요하다. 거주지 주변에서 제철에 생산된 식재료를 구입하는 것이 운송 관련 에너지 비용도 줄이고 지역 경제에도 도움을 주는 방법이다.

⁝ 전기 아껴서 온실가스 잡는 법

일상생활에서 탄소발자국을 줄이기 위해서는 전기, 물, 가스, 종이 등의 자원을 아껴 쓰는 것도 좋은 방법이다. 예를 들어 TV를 1시간 덜 시청하면 1년에 7.35kg의 이산화탄소를 줄일 수 있고, 여름에 에어컨을 1시간 덜 사용하면 1년에 13.12kg의 이산화탄소에 달하는 탄소발자국을 줄일 수 있다.

먼저 절전형 또는 고효율 가전제품을 사용하는 것이 중요하다. 실제로 온실가스 배출량의 84%가 에너지 사용 과정에서 발생되고 있다. 전등을 예로 들 경우, 백열등 대신 절전 형광등^{CFL}이나 LED등을 쓰면 전기를 아낄 수 있다.

고효율 가전제품을 선택하기 위해서는 제품에 붙어 있는 에너지소

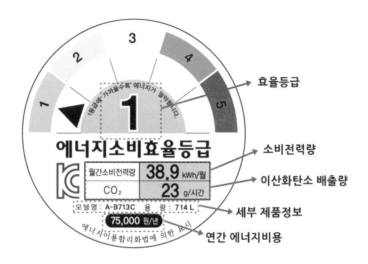

효율등급

소비전력량

이산화탄소 배출량

세부 제품정보

연간 에너지비용

에너지소비효율등급이 1등급인 제품은 에너지를 절약할 수 있어 탄소발자국도 줄일 수 있다. ⓒ에너지관리공단

비효율등급 라벨을 꼼꼼히 확인하면 된다. 우리나라에서는 1992년 9월 냉장고, 세탁기, 에어컨, 전기밥솥처럼 전기를 많이 소비하는 가전제품부터 에너지소비효율등급 표시제를 의무화했다. 2000년 8월 에너지소비효율등급 표시제를 시작한 일본에 비해 굉장히 빨랐던 것이다. 게다가 한국은 2009년부터 에너지소비효율등급 라벨에 이산화탄소 배출량도 함께 표시하고 있다.

에너지소비효율등급은 1등급에서 5등급까지 있는데, 효율이 가장 안 좋은 5등급 제품 대신 가장 좋은 1등급 제품을 쓰면 에너지를 30~40%까지 절약할 수 있다. 10인용 이하의 전기밥솥을 보면, 에너지소비효율 5등급 제품의 월간 소비전력이 22.3kWh인 데 비해 1등급 제품의 월간 소비전력은 17.9kWh에 불과하다. 에너지소비효율이 높은 제품을 사용하면 전기를 덜 소비하므로, 전기세를 절약할 뿐 아니라 탄소발자국도 줄일 수 있다.

기업들이 가전제품의 에너지소비효율을 높이기 위해 노력한 결과 에너지소비효율이 과거보다 좋아졌다. 에어컨은 1996년부터 2010년 사이에 효율이 20%나 증가했으며, 냉장고는 연간소비전력량$(kWh/L \cdot 년)$이 1996년부터 2010년 사이에 59%나 줄었다. 2012년부터는 에너지소비효율 1등급 중에서 초고효율 기준을 만족시키는 제품에 '에너지 프론티어'라는 라벨이 추가로 주어졌다.

탄소발자국을 줄이는 기술이 적용된 제품은 에너지소비효율등급 표시제뿐 아니라 고효율에너지인증 제도, 대기전력저감 프로그램의 혜택을 받고 있다. 1996년부터 실시된 고효율에너지인증 제도는 에너지 효율과 품질을 검사한 뒤 일정 수준 이상인 제품을 인증해준다. 1999년부터 시작된 대기전력저감 프로그램의 경우 TV, 컴퓨터, 전자레인지 등의 제품 중에서 사용하고 있지 않을 때 소모되는 전력(대기전력)을 줄인 것에는 인증 마크를, 대기전력이 많이 소모되는 제품에는 경고 마크를 부착하도록 한다.

TV 같은 가전제품은 전원을 끈다고 해도 플러그를 뽑지 않으면 연결된 전선으로 전기가 새어 나가고, 휴대전화가 꽂혀 있지 않더라도 전원 콘센트에 연결돼 있는 충전기도 전기를 잡아먹는다. 이것이 바로 대기전력이다. 대기전력으로 인해 발생하는 탄소발자국도 무시하지 못한다. 가전제품에서 플러그를 뽑는 일이 중요한 셈이다.

⁝ 에너지 절약 운동도 필수

난방보일러의 온도조절기에 계절별로 조금씩 변화를 주면 에너지 비용과 함께 탄소발자국도 줄일 수 있다. 우리나라에서는 적정 온도를 18~20℃로 정해 놓고 보일러의 과다 사용을 막고 있다. 실제로 보일러 사용을 1시간 줄이면 이산화탄소 절감량이 연간 135.50kg에 달하고, 보일러의 난방 온도를 2℃만 낮추더라도 이산화탄소 발생량을 연간 52.86kg을 줄일 수 있다고 한다.

최근에는 보일러의 효율을 높여 연소에 들어가는 가스를 줄일 수 있고, 보일러 기술에 사물인터넷IoT 기술이 접목돼 집 밖에서도 보일러를 작동할 수 있다. 이에 따라 외출 시 보일러를 끄지 못했다면 밖에서 보일러를 끌 수 있고, 외부에서도 실내 온도를 조절해 가스 소비를 줄일 수 있다.

탄소발자국을 줄이기 위해서는 보일러를 적정하게 사용할 뿐만 아니라 보일러의 사용을 줄일 수 있도록 내복을 입거나 샤워 시간을 줄여 온수를 적게 사용하는 것이 좋다. 보일러는 물론이고 에어컨도 잘 관리해야 한다. 여름철에 에어컨 온도를 너무 낮추지 않아야 하지만, 에어컨

필터를 깨끗하게 청소하는 것도 중요하다. 꽉 막힌 필터는 전기도 더 많이 소모하게 만들고 온실가스 배출량도 늘리기 때문이다.

절약형 샤워기도 탄소발자국을 줄이는 데 일조할 수 있다. 물을 적게 소비함으로써 물을 데우는 데 드는 에너지도 절약할 수 있기 때문이다. 물을 데우는 급탕 기능은 가정의 에너지 사용량 중에서 25%나 차지한다. 또한 물을 절약해도 일상생활에서 탄소발자국을 줄일 수 있다. 물을 멀리서 가져오고, 펌프를 이용해 고층 아파트로 물을 끌어올리며, 다 쓴 물을 정수장으로 보내고 정수하는 과정에서 탄소발자국이 늘어나므로, 물을 적게 쓰면 물과 관련된 탄소발자국이 줄기 때문이다. 예를 들어 양치할 때 수도꼭지를 잠그거나 설거지할 때 물을 받아서 하는 식으로 물을 그냥 흘려보내지 않아야 한다.

자동차도 경제적으로 운전해야 한다. 고속도로에서는 타이어 공기압을 적절하게 유지하고 정속주행을 하면 연비를 15%나 높일 수 있다. 시내에서는 급정거와 급출발을 피하고 제한속도를 넘지 않으며 느긋하게 운전하는 것이 좋다. 잠시 기다릴 때도 공회전을 하지 말고 시동을 꺼야 한다. 정기적으로 자동차를 점검하는 것도 중요하다. 점화플러그가 낡았거나 공기필터가 더러워졌어도 연료가 더 들고, 산소센서가 고장 나도 연료가 더 소모되기 때문이다.

가까운 거리는 자동차 운전보다 걷거나 자전거를 타고 이동하는 것이 좋다. 화석 연료가 아니라 신체 칼로리를 소모하기 때문에 건강에도 도움이 되고 환경에 유리하다. 아울러 자가용 대신 대중교통을 이용하는 것도 환경친화적인 행동이다. 실제로 50분간 지하철로 출근할 때 나오는 탄소발자국은 20g에 불과하지만, 자가용을 이용할 경우 탄소발자국은 이보다 100배가 넘는 2100g에 이른다.

⁞ 유리, 캔, 플라스틱, 종이 등 자원 재활용

흥미롭게도 산업화가 진행된 국가일수록 쓰레기 배출량이 더 많다. 국립환경연구원에 따르면, 1인당 1년간 버린 쓰레기양의 경우 미국은 713kg이고 유럽은 500kg이다. 우리나라는 한 사람이 1년간 버리는 쓰레기가 400kg에 이른다고 하는데, 이 역시 적은 양은 아니다.

쓰레기를 줄이고 자원을 순환하기 위해 노력하는 것이 온실가스 배출량을 감축하는 데 중요하다. 물건을 살 때 장바구니를 가져가고 일회용 제품의 사용을 줄이며, 고장 난 물건은 고쳐 쓰고 책, 참고서, 장난감, 옷 등을 버리기 전에 다른 사람에게 물려 줄 수 있는지 따져 보는 것이 좋다. 또 유리병, 캔, 플라스틱, 비닐, 스티로폼 등은 내용물을 깨끗이 비우고 분리해 배출해야 한다.

유리는 재활용이 활발한 소재다. 유리병, 식기, 건물이나 자동차의 유리창, 전구류 등에 주로 사용되는 유리는 녹여서 다른 제품으로 만들기가 비교적 쉽기 때문이다. 특히 유리병은 색깔별로 구분하고 규사, 석

종이, 병, 플라스틱, 캔 등을 재활용하는 것도 온실가스 배출량을 감축하는 데 중요하다.

회석 등 성분에 따라 나눈 뒤 깨뜨려 1500℃의 높은 열로 녹여 재활용한다. 또한 유리병은 세척 후 재이용할 수 있다. 유리병 하나는 50회까지 재이용할 수 있다. 유리병을 재이용하면 새로운 병을 만드는 데 들어가는 자원과 에너지를 절약할 수 있으며, 온실가스 배출도 줄일 수 있다.

캔은 주로 철과 알루미늄으로 각각 만든다. 특히 알루미늄 캔의 경우 원료인 보크사이트로부터 알루미늄을 제련할 때에 비해 10%의 전력만으로 캔을 만들 수 있기 때문에 재활용이 중요하다. 선진국에서는 알루미늄 캔 하나가 연간 6회 이상 재활용되는 것으로 알려져 있다.

플라스틱은 일상생활에서 음료수통, 생수통, 샴푸통, 스티로폼, 비닐봉지 등에 다양하게 쓰인다. 제품의 겉표지를 살펴보면, 폴리에틸렌^{PET}, 저밀도 폴리에틸렌^{LDPE}, 고밀도 폴리에틸렌^{HDPE}, 폴리염화비닐^{PVC}, 폴리프로필렌^{PP} 등이 일상생활에서 주로 사용된다. 이것들은 물질 조성이 서로 다르기 때문에 섞이면 재활용이 힘들다. 수거한 플라스틱은 센서 등을 통해 종류별로 분류한다. 분류된 플라스틱은 뜨거운 온도로 녹인 뒤, 잘게 잘라서 좁쌀 같은 재활용 플라스틱으로 만들어낸다.

생활에서 많이 쓰는 종이도 제작할 때 많은 에너지가 투입된다. 전 세계적으로 벌목된 나무의 5분의 1이 종이를 제작하는 데 사용되는데, 종이 1kg을 만들기 위해서는 2kg 이상의 나무와 250kg의 물이 들어간다고 한다. 종이는 이면지를 사용해 아껴 쓰거나, 한 번 쓴 종이를 녹인 뒤 재생지로 만들어 재활용할 필요가 있다.

지구 온난화를 막기 위한 방법

이산화탄소 배출 규제

　지구 온난화를 막으려면 온실가스 배출을 규제하는 것도 필요하다. 특히 자동차, 선박, 화력발전소 등에서 이산화탄소를 많이 배출하는 것으로 알려져 있다. 자동차 연비, 선박 에너지 효율, 석탄화력발전 효율을 높여야 이산화탄소 배출량을 줄일 수 있고 배출 규제치를 충족시킬 수 있다.

⋮ 탄소 배출량은 경유차보다 휘발유차가 많아

　국내에서는 몇 년 전부터 경유(디젤)차가 환경 오염의 주범으로 지목받으며 퇴출돼야 한다는 압박을 받고 있다. 그런데 사실 1990년대에는 유럽을 중심으로 '클린 디젤'이 주목을 받았다. 디젤이 가솔린(휘발유)보다 이산화탄소 배출이 더 적었기 때문이다. 우리나라도 2005년부터 세단형 디젤 승용차 판매를 허용했다. 그 뒤 질소산화물과 매연도 줄이면서 경유차가 저공해차로 떠올랐다. 하지만 최근 경유차가 '미세먼지의 주범'으로 몰렸다.

현재 각국에서는 자동차 배출가스를 이산화탄소, 미세먼지, 질소산화물로 구분해 규제하고 있다. 이산화탄소는 가솔린이 디젤보다 더 많이 배출한다. 온실가스를 감축하기 위해서는 휘발유차를 억제하는 것이 이치에 맞다. 그런데 미세먼지와 질소산화물의

국내 도로 교통 부문 온실가스 배출량 중에서 자동차가 차지하는 비중은 60%에 이른다. ⓒTK Kurikawa

경우는 상황이 다르다. 2015년 환경부가 가솔린 GDi 엔진과 유로6 디젤 엔진의 배출가스를 검사한 결과를 보면, 미세먼지(PM10)는 두 엔진에서 큰 차이가 없었고, 질소산화물은 가솔린 엔진이 디젤 엔진보다 더 적게 배출했다. 미세먼지의 주범을 경유차라고 단정하기에는 다소 무리가 따른다. 휘발유차의 이산화탄소 배출을 줄일 수 있는 방안도 필요한 상황이다.

2010년 기준으로 온실가스 배출량 중에서 수송 부문의 비중이 17%를 차지하며, 도로 교통 부문 온실가스 배출량 중에서 자동차의 비중은 60%에 이른다. 미국, 유럽 등 여러 나라에서 발표하고 있는 환경 규제는 기존 내연기관차만으로 달성하기에는 벅찬 수준이다. 현재 생산되는 자동차의 평균 이산화탄소 배출량은 1km당 약 140g이다. 하지만 유럽 연합EU의 경우 2020년까지 자동차의 평균 이산화탄소 배출량을 1km당

지구 온난화를 막기 위한 방법

95g 이하로 줄여야 한다. 이를 쉽게 이해할 수 있도록 차량 연비로 표현한다면, 자동차의 평균 연비를 현재 1L당 15km 수준에서 2020년 이후에는 1L당 거의 20km 이상으로 올려야 한다는 뜻이다. 자동차 제작사는 차량의 평균 연비를 만족시키지 못할 때 판매되는 차량 대수에 비례해 연비 차이만큼 엄청난 부과금을 내야 한다. 이제 전기자동차와 같은 친환경 자동차를 개발해 보급하는 것은 선택이 아니라 필수가 됐다.

프랑스에서는 모든 차량에 탄소발자국 표시를 의무화하고 있으며, 탄소발자국, 즉 이산화탄소 배출량에 따라 차량 가격이 달라진다. 이산화탄소 배출량이 적은 차량은 구입할 때 5,000유로까지 세금을 환급받는 반면, 이산화탄소 배출량이 많은 차량은 최대 2,500유로의 할증료를 내게 하기 때문이다. 소비자들에게 자신이 구매하는 자동차가 배출하는 이산화탄소 양을 알려줌으로써 친환경 소비를 유도하는 것이다.

유럽 국가 중에서 특히 네덜란드에서는 탄소 저배출 차량이 많이 팔린다. 네덜란드는 2014년 기준으로 자동차의 평균 이산화탄소 배출량이 1km당 107g으로 EU에서 가장 낮은 수준을 기록했다. 네덜란드 정부는 차량의 이산화탄소 배출량에 따라 자동차 등록세와 도로세를 부과해 왔다. 이산화탄소 배출량이 일정 수준 이하인 자동차의 등록세와 도로세를 면제해 주다가, 연료 효율이 높은 차량의 구매가 늘어남에 따라 2015년부터는 면제 조건을 아예 없앴다.

⁝ 그린십(친환경 선박)이 뜬다

온실가스는 해양을 운행하는 선박에서도 배출된다. 2009년 국제해사기구[IMO]가 진행한 '제2차 온실가스 연구'에 따르면, 2007년 기준으로 세계 해상운송의 이산화탄소 배출량은 10억 4600만 톤이다. 이는 지구촌 전체 배출량의 3.3%에 해당한다. 이 보고서는 앞으로 아무 조치를 취하지 않는다면, 해운산업의 이산화탄소 배출 비중이 3.3%에서 2050년에는 최대 18%까지 높아질 것이라고 경고한다.

이에 따라 IMO는 선박의 이산화탄소 배출량을 2013년부터 2030년까지 30% 줄이는 것을 목표로 설정해, 선박에서 배출하는 온실가스를 감축할 수 있는 방안 3가지를 제시했다. 에너지 효율 설계지수[EDDI], 선박 에너지 효율 관리 계획[SEEMP], 시장 기반 메커니즘[MBM]이 그것이다. 이 중에서 에너지 효율 설계지수는 선박이 화물 1톤을 1마일 수송할 때 배출되는 이산화탄소의 양(g)을 수치화한 것으로 자동차의 연비와 비슷한 개념이다.

에너지 효율 설계지수와 관련된 규제는 2013년 이후 만들어진 선박에 적용되고 있는데, 2019년까지 10%, 2024년까지 20%, 2030년까지 30%의 온실가스를 줄여야 한다. 선박에너지 효율 관리 계획은 2013년부터 반드시 선박에 마련해 둬야 하며, 선박의 에너지 관리를 자체적으로 모니터링하고 평가해 개선하는 것을 돕는다. 시장 기반 메커니즘의 경우 온실가스 배출량에 부담금을 부과하는 제도, 배출권 거래제 등

지구 온난화를 막기 위한 방법

을 논의하는 가운데, 국제항만협회가 환경 선박 지수^{ESI}를 도입해 친환경 선박에 인센티브를 주는 조치를 실시하고 있다.

이렇게 선박이 배출하는 온실가스를 감축하기 위한 관련 조치가 강제적으로 도입되면서 해운 회사들이 변신하고 있다. 대표적인 움직임이 에너지 효율을 향상시킬 뿐만 아니라 이산화탄소 발생량을 줄일 수 있는 친환경 선박을 개발하기 위한 노력이다. 유럽은 13개국의 선주사, 조선사, 연구기관 등이 참여해 친환경 선박 기술과 관련된 공동 협력 프로젝트(LeanShips)를 공식적으로 착수했다. 2020년까지 진행되는 이 프로젝트는 선박 연료 소모량을 최대 25% 절감하고 이산화탄소 배출량을 최소한 25% 이상 감축하며 질소산화물, 황산화물, 미세먼지의 배출량을 0으로 만드는 것이 목표이다. 미국은 해군에서 연료 예산을 절감하기 위해 연료 전지를 선박의 주 동력원으로 사용하는 친환경적 동력 발생 장치를 개발하고 있다. 연료 전지는 수소와 산소가 반응해 물로 바뀔 때 전기와 열이 발생하는 친환경 에너지원이다.

일본은 선박의 에너지 절약과 탄소 배출 감축에 대한 연구개발이 활발하다. 2013년 일본 조선업계는 선박 기술 연구개발을 전문으로 하는 연구개발 회사인 '마리타임 이노베이션 재팬'을 설립했다. 여기서는 선박 설계나 건조 기술, 선박 운항 기술, 선박에서 배출되는 이산화탄소 등의 유해물질 삭감 기술, 해양에너지의 이용 기술에 대한 연구를 주로 한다. 또한 미쓰비시 중공업에서는 배 밑바닥에 공기를 주입해 거품의 힘으로 물의 마찰 저항을 줄이는 공기윤활시스템을 개발했는데, 이를 통해 최대 25%의 온실가스 배출량을 줄일 수 있다고 한다. 일본의 대형 해운 회사 'NYK 라인'에서는 2030년까지 친환경 선박의 궁극적 모델이 될 수 있는 'NYK 슈퍼에코십'을 설계해 관련 기술을 개발할 계획이다. 이 선박은 연료 전지를 주 동

일본 NYK 라인에서 설계하고 있는 'NYK 슈퍼에코십' ©NYK Line

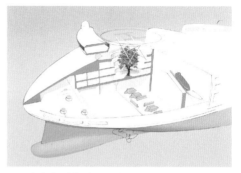

NYK 슈퍼에코십은 연료 전지, 풍력, 태양열 등을 이용하는 친환경 선박이다. ©NYK Line

력원으로 하되, 배에 설치된 태양광 패널과 돛으로도 전력을 생산한다.

우리나라는 2011년부터 5년간 정부 주도로 '그린십(친환경 선박) 기반을 확보하기 위한 에너지 절감형 선형 및 추진 시스템 개발' 사업을 진행했다. 현대중공업, 삼성중공업 등 국내 대형 조선소를 비롯해 조선해양 관련 기업, 대학, 연구소가 참여해 선형 최적화, 에너지 절감 장치 개발, 프로펠러 효율 최적화, 폐열회수 시스템 개발 등을 통해 이산화탄소 배출량을 감축하고자 했다. 또한 현대중공업, 삼성중공업, 대우조선해양은 이산화탄소를 비롯한 오염 물질의 배출이 적은 LNG를 연료로 하는

선박을 개발해 왔다. 2015년에는 정부가 전북 군산에 '그린십 기자재 시험·인증센터'를 설립했다. 이곳에서는 주로 친환경 선박의 핵심 부품을 개발하기 위한 시험·평가는 물론이고 선박용 디젤 엔진, 연료유 품질, 차세대 동력 시스템의 평가·분석, 배기가스 후처리 시스템 시험·인증 등을 시행한다.

⋮ 석탄화력발전의 두 얼굴

석탄화력발전소의 경우 500MW급 1기에서 1년에 약 300만 톤이나 되는 이산화탄소가 발생한다. 이에 석탄화력발전소에서 이산화탄소 배출을 저감하려고 노력하는 동시에 석탄화력발전의 비중을 줄이는 것이 세계적인 추세이다. 예를 들어 미국은 2016년 발전 부문에서 석탄 소비량을 전년보다 8.3%, 즉 6121만 톤이나 감축했다. 미국의 발전용 석탄 사용량은 2005년 최고를 기록했지만, 이후 11년 사이에 34.7%나 줄었다.

문제는 우리나라가 국제적 흐름에 역행을 하고 있다는 점이다. 국제에너지기구IEA에 따르면, 한국이 석탄연료 연소로 배출한 이산화탄소 양은 1990년 9000만 톤에서 2014년 3억 380만 톤으로 234.7%나 증가했다. 이는 경제협력개발기구OECD 국가 중에서 압도적인 1위에 해당하는 수치이다.

산업통상자원부에 따르면 2017년 기준으로 국내 발전원별 전력 비중은 석탄이 45.4%를 기록해 가장 높다. 이처럼 단일 연료원으로서 석탄이 차지하는 비중은 세계 최고 수준이다. 석탄에 이어 원자력 30.3%, 천연가스 16.9%, 신재생에너지 6.2% 순으로 나타났다. 석탄화력발전이 선호되는 이유는 경제성 때문이다. 2016년 기준으로 전력 생산용 유연탄의 구매 단가는 1kWh당 78.05원을 보였는데, 이는 1kWh당 100.09원이 드는 액화천연가스^{LNG}의 78%에 불과한 것이다.

국제적으로는 석탄화력발전소에서 발생하는 이산화탄소를 줄이기 위해 2가지 방향을 설정하고 있다. 첫째, 효율이 낮은 석탄화력발전소를 폐쇄하는 한편, 고효율의 새로운 석탄발전기술을 적용해 이산화탄소 발생량을 최소화하고, 둘째, 이렇게 해도 발생한 이산화탄소는 탄소 포집·저장^{CCS} 기술로 처리하는 것이다.

IEA 자료에 따르면 전 세계 석탄화력발전의 효율이 30%인데, 이 효율에서 전기 1kWh를 생산할 때 1116g의 이산화탄소가 발생한다. 앞으로 고효율의 새로운 석탄발전기술을 활용해 발전 효율을 50%까지 올리면, 전기 1kWh 생산 시 발생하는 이산화탄소를 669g까지 줄일 수 있다. 아직까지 우리나라 석탄화력발전은 유럽연합과 마찬가지로 38% 효율에 머물러 전기 1kWh 생산 시 881g의 이산화탄소를 발생시키고 있다.

선진국의 경우 석탄화력발전에 대한 이산화탄소 규제치는 상당히 높다. 미국 환경보호청^{EPA}은 전기 1kWh 생산 시 발생하는 이산화탄소를 454g으로 제한하고 있으며, 영국은 신규 석탄화력발전의 허가 기준으로 '전기 1kWh 생산 시 이산화탄소 450g 발생'을 제시하고 있다. 미국 EPA의 이산화탄소 규제치를 만족시키려면 석탄화력발전에서 발생하는 이산화탄소를 48.5% 이상 저감해야 한다.

앞으로 우리나라는 오래된 화력발전소를 폐기하는 한편, 고효율 석탄발전기술의 활용을 늘려야 한다. 물론 이산화탄소뿐 아니라 미세먼지 발생을 막기 위해서는 궁극적으로 석탄화력발전을 신재생에너지로 대체해야 한다.

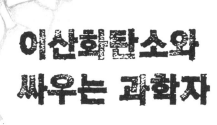

이산화탄소와 싸우는 과학자

과학자들도 지구 온난화라는 기후 변화에 대응하고 이로 인해 발생하는 온실가스를 감축하기 위해 노력하고 있다. 이산화탄소를 저감하는 데서 그치지 않고 자원으로 바꿀 수 있는 각종 기술을 개발하고 있다. 예를 들어 이산화탄소를 포집해 저장하는 방법을 연구하거나, 이산화탄소를 흡수해 유용 물질을 만드는 식물을 모방하기도 한다.

⁝ 기후 변화 대응 기술 50선

국제 사회에서 신기후 체제의 해법으로 주목받고 있는 온실가스 감축의 핵심 수단이 바로 기후 변화 대응 기술이다. 2016년 우리 정부는 기후 변화 대응과 관련해 13개 부처에서 진행하고 있는 700여 개 과제의 연구개발 진행 상황을 종합적으로 파악하고 관리할 수 있는 '기후 변화 대응 기술 확보 로드맵'을 완성했다. 이는 우리나라의 기후 변화 대응 역량을 극대화하기 위한 노력이다.

이 로드맵에서는 탄소 저감, 탄소 자원화, 기후 변화 적응이라는

3대 부문별로 구분한 뒤 10대 분야에서 총 50개의 연구군을 분류했다. 탄소 저감 분야에는 태양 전지, 연료 전지, 바이오 연료, 이차 전지, 전력IT, 탄소 포집·저장[CCS] 기술이 포함되고, 탄소 자원화 분야에는 부생가스 전환, CO_2 전환, CO_2 광물화가 포함되며, 기후 변화 적응 분야에는 공통 플랫폼과 관련된 기술이 망라돼 있다.

태양 전지, 연료 전지, 이차 전지는 모두 친환경적인 방법으로 전기 에너지를 발생시키는 장치로 이산화탄소를 저감하는 대표적 기술이다. 먼저 태양 전지는 태양에서 오는 빛에너지를 전기에너지로 바꾸는 장치로, 기존의 실리콘 태양 전지뿐 아니라 유기 태양 전지, 염료감응 태양 전지 등 차세대 태양 전지가 연구되고 있다. 수소와 산소를 반응시켜 전기에너지를 얻는 연료 전지의 경우 고분자 연료 전지, 용융탄산염 연료 전지, 인산형 연료 전지 등의 상용 연료 전지와 함께 차세대 연료 전지가 개발되고 있다. 이차 전지는 물질의 산화·환원 반응이 일어나는 과정에서 발생된 전기를 충전해 반영구적으로 사용할 수 있는 전지인데, 연구자들이 기존 리튬이온전지의 성능을 높이거나 차세대 대용량 이차 전지를 개발하기 위해 노력하고 있다.

전지 외에 CCS 기술, 전력IT, 바이오 연료도 탄소 저감에 중요한 기술이다. CCS는 발전소, 제철소 등에서 이산화탄소를 포집한 뒤 압축해 저장하는 기술이다. 현재 CCS 기술을 개발해 상용화하는 연구가 한창이다. 전력IT는 전력 산업에 정보통신기술[IT]을 접목해 실시간 통신으로 운전, 제어, 감시를 가능하게 만든 지능화 시스템을 말한다. 특히 가정, 빌딩, 공장의 에너지관리시스템EMS에서 에너지 절감률을 높이기 위해 노력하고 있으며, 신재생에너지, 전기자동차 등이 관여하는 전력망에서 전력IT가 연구되고 있다. 바이오 연료 분야에서는 미세 조류(식물 플랑크톤)로 바이오 연료를 생산하거나 목재와 같은 미활용 바이오매스를 에너지로 만드는 연구가 진행되고 있다.

그리고 부생 가스, 이산화탄소를 자원으로 바꾸는 분야가 활발히 연구되고 있다. 부생 가스란 제철소 등에서의 제품 생산 공정에서 부산물로 발생하는 가스를 말하는데, 부생 가스로 청정 연료나 플라스틱 원료를 생산하기 위해 연구하고 있다. 이산화탄소 역시 청정 연료, 플라스틱, 신소재, 고부가가치 화학 원료 등으로 탈바꿈시키기 위해 다양한 연구개발이 진행되고 있다. 또한 이산화탄소는 화학 반응을 통해 탄산염으로 전환하는 방식(광물화)을 통해서도 친환경 시멘트, 친환경 콘크리트, 자동차용 복합 소재 등을 생산하려는 연구가 병행되고 있다.

끝으로 기후 변화 적응 분야에서는 공통 플랫폼 기술로 크게 5가지 분야가 주목받고 있다. 고해상도 관측을 통해 기후 변화를 감시·전망하며, 건강 및 식량에 대한 기후 영향을 감시·예측하는 것은 물론이고, 기후 변화 취약성과 위험을 평가하는 연구가 진행되고 있다. 또한 기후 재해를 미리 예방하는 동시에 기후 재해의 피해를 분석·산정하며 그 피해를 줄이거나 복구하고자 애쓰는 한편, 기후 위기 자원을 관리하며 기후 변화 적응 정책을 통합 관리하기 위해 중장기 대응 기반을 구축하려고 노력하고 있다.

SK이노베이션에서 이산화탄소로 개발한 친환경
플라스틱 그린폴 ⓒSK이노베이션

탄소 포집·저장에서 활용까지

이산화탄소가 하얀 폴리머 조각들로 바뀌고 폴리머 조각들은 다시 물병, 가방, 소파로 변신한다. 이 화면 위로 '이산화탄소를 친환경 플라스틱으로 바꾸다'라는 문구가 떠오른다. 2013년 SK이노베이션이 TV에서 선보인 광고인데, SK이노베이션에서 이산화탄소로 친환경 플라스틱 '그린폴'을 개발하고 있다는 사실을 전하는 내용이었다.

전 세계적으로 지구 온난화의 주범인 이산화탄소를 활용해 유용 물질을 만들려는 시도가 다양하게 펼쳐지고 있다. 이는 이산화탄소 활용 기술에 해당한다. 탄소 포집·활용CCU 기술은 탄소 포집·저장CCS 기술과 함께 2011년 남아공 더반에서 열린 제17차 유엔기후변화협약 당사국 총회에서 청정개발체제CDM로 수용하기로 합의했다. 청정개발체제는 선진국과 개발도상국이 공동으로 추진하는 온실가스 감축 사업 제도를 뜻한다. 탄소 포집·저장^{CCS} 기술과 탄소 포집·활용^{CCU} 기술을 합쳐서 탄소 포집·저장·활용^{CCSU} 기술이라고도 부른다.

우리 정부는 2010년 '국가 CCS 종합추진계획'을 발표했는데, 여기에는 CCS 기술을 개발해 2020년까지 상용화하고 국제 기술경쟁력을 확보하고 이를 통해 2030년 이산화탄소 3200만 톤을 감축한다는 목표가 담겼다. 이 계획에는 'CCS'가 '이산화탄소 포집 및 처리'를 뜻하는 약자로 쓰였고, CCS 기술뿐만 아니라 CCU 기술의 개발과 관련된 로드맵도 포함됐다. 즉 이산화탄소를 대량 발생원으로부터 포집해 압축한 뒤 수송해 육상 또는 해양의 지중(땅속)에 안전하게 저장하거나 유용한 물질로 전환하는 일련의 기술을 포괄했다.

이 가운데 포집 기술은 화석 연료 배기가스 중에서 이산화탄소를 분리하는 기술로서 연소 전, 연소 후, 연소 중 포집 기술로 나눌 수 있다. 수송 기술은 포집한 이산화탄소에 압력을 가해 액체 상태로 만든 뒤 탱크로리, 선박, 파이프라인 등을 통해 저장소나 전환 플랜트로 옮기는 기술이다. 이후 처리 과정은 저장, 전환, 활용 등을 포함하는데, 저장 기술은 옮겨진 이산화탄소를 육상 또는 해양의 지중에 저장하는 기술이고, 활용 기술은 이산화탄소를 화학적, 생물학적 방법으로 화학 소재, 연료 등으로 전환해 활용하는 기술이다.

탄소 포집·저장^{CCS} 기술은 공장 굴뚝에서 나오는 배기가스에 포함된 이산화탄소를 모아 땅속 빈 공간에 집어넣는 것뿐만 아니라 천연가스

정제 시설에서 연료 성분을 제외하고 남은 이산화탄소를 모아 저장하는 것도 포함한다. 대표적으로 노르웨이 슬라이프너 CCS 사업이 순수하게 이산화탄소를 저장할 목적을 갖고 있는데, 20년 동안 매년 100만 톤 규모의 이산화탄소를 바다 밑 지층에 묻어 왔다.

탄소 포집·활용[CCU] 기술은 탄소 자원화 기술이라고도 한다. 포집한 이산화탄소는 메탄올, 메탄 같은 연료를 생산하거나 폴리카보네이트 같은 플라스틱, 비료, 건축 자재 등을 만드는 데 활용한다. 또한 이산화탄소는 광합성을 하는 미세 조류를 배양하거나, 원유 또는 가스가 저장된 지층에 주입해 생산량을 높이는 데 이용한다. 이산화탄소를 지층에 주입

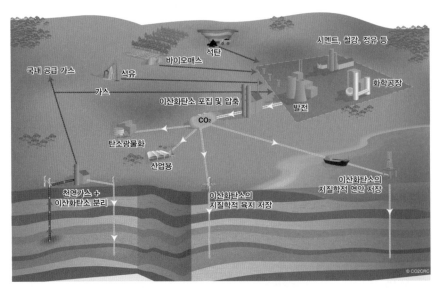

탄소 포집·저장[CCS] 기술의 개략도 ⓒCO2CRC

하면, 압력이 높아져 원유나 가스를 더 많이 채굴할 수 있기 때문이다.

　국제에너지기구[IEA], 글로벌 CCS연구소 등에 따르면, 현재 전 세계에서 대규모로 진행되는 CCS 사업이 16개에 이르며, 이산화탄소 매장량도 연간 3000만 톤 규모에 달한다. 발전소나 비료 공장에서 나오는 이산화탄소를 저장하는 사업도 있지만, 대부분이 천연가스 정제 과정에서 나오는 불순물인 이산화탄소를 포집해 원유나 가스 채굴 때 사용하는 프로젝트다. 미국의 경우 원유 매장 지역에 이산화탄소를 공급하기 위한 파이프라인만 6600km에 달한다.

　국내에서는 탄소 포집, 저장 및 자원화에 대한 연구를 진행하고 있으나, 아직은 초보 수준에 머물고 있다. 2017년 3월 한국 이산화탄소 포집 및 처리 연구개발센터[KCRC]는 한국에너지기술연구원 내에 마련된 2MW 발전설비와 연계해 이산화탄소 포집 기술을 검증할 수 있는 파일럿 플랜트를 완공했다. 화석 연료에서 연소된 배기가스에서 이산화탄소를 분리해 모으는데, 그 방식은 이산화탄소 흡수제가 액체인 습식, 고체인 건식, 필름 형태의 막인 분리막 방식으로 구분된다. 이 파일럿 플랜트에서는 3가지 방식을 한 곳에서 검증할 수 있는 설비를 구축했다.

　2016년 10월 한국전력은 이미 보령화력발전소에 10MW급 습식 CCS 실증 플랜트를 설치해 3000시간 장기 연속 운전을 하는 데 성공했다. 연간 약 7만 톤의 이산화탄소를 포집할 수 있는 규모로, 독자 개발한 이산화탄소 습식 흡수제를 적용했다. 2023년 6월 한국화학연구원 이산화탄소에너지연구센터는 이산화탄소로부터 석유화학 원료인 합성가스(수소, 일산화탄소)를 전환하는 기술을 개발했다. 기술을 이전받은 부흥산업사는 연간 8000톤의 합성가스를 생산할 수 있는 세계 최대 규모의 이산화탄소 활용 건식개질 플랜트를 울산산업단지에 구축 완료했다. 2024년부터 CCU 제품을 본격적으로 생산한다.

우리나라의 경우 이산화탄소 저장 장소가 마땅치 않은 상황에서, 포집한 이산화탄소를 직접 활용하는 CCU가 CCS의 대안이 될 수 있다. 2016년 12월 정부에서는 '탄소자원화 국가 전략프로젝트 실증 로드맵'을 발표했는데, 여기에는 CCU를 통해 2030년에는 연간 2500만 톤의 온실가스를 감축할 수 있다는 내용이 포함됐다. 관련 전문가에 따르면, 신재생에너지가 완전히 자리 잡을 때까지 석탄 같은 화석 연료를 사용할 수밖에 없는데, CCS는 이런 과도기에 가교 역할을 하는 기술이라고 한다.

식물 흉내 내는 인공광합성

식물은 태양빛, 공기 중의 이산화탄소, 물을 흡수해 에너지원인 포도당을 합성한다. 이것이 바로 식물의 잎 속에 들어 있는 엽록소에서 일어나는 광합성이다. 식물의 광합성을 모방해 유용한 물질을 생산하는 것을 '인공광합성'이라고 한다. 과학자들은 염료감응 태양 전지, 광전기 화학전지 등을 이용해 광합성을 모방한다. 염료감응 태양 전지는 태양빛을

미국 에너지부 전 장관인 스티븐 추Steven Chu가 인공광합성공동연구센터JCAP를 방문해 인공광합성과 관련된 실험 장치를 들여다보고 있다. ⓒ버클리 랩

받으면 전기를 생산하는 염료를 적용한 태양 전지이며, 광전기 화학 전지는 빛을 이용해 물을 분해하고 전기와 수소를 얻는 전지를 말한다.

　인공광합성 장치는 물과 이산화탄소를 분해한 뒤 다양한 합성 과정을 거쳐 여러 가지 물질을 만들어낸다. 지구 온난화를 일으키는 이산화탄소를 없애는 동시에 환경 오염을 일으키지 않으며 유용한 물질도 만드는 셈이다. 2011년 연두 교서에서 미국의 버락 오바마 대통령은 청정에너지 분야의 '2011년판 아폴로 계획'을 제안하면서 인공광합성을 통해 이산화탄소를 연료와 화학 소재로 전환하는 기술을 첫 번째로 강조했다. 미국에는 인공광합성공동연구센터JCAP가 있고, 우리나라에는 한국인공광합성연구센터KCAP가 있다. 특히 한국인공광합성연구센터는 미래창조 과학부 '기후변화대응 기초·원천기술 개발사업'의 일환으로 2009년에 설립됐다.

먼저 인공광합성을 통해서는 태양 전지가 만들어낸 전기로 물을 분해해 수소를 얻을 수 있다. 수소는 공해를 일으키지 않는 에너지원으로 자동차 등의 연료로 활용할 수 있다. 미국은 로렌스버클리국립연구소를 중심으로 인공광합성을 이용한 수소생산 기술을 활발히 개발해 왔다. 우리나라에서는 2015년 울산과학기술원UNIST 이재성 교수팀이 태양에너지를 수소로 전환하는 인공나뭇잎(전환 효율 8%로 세계 최고 수준)을 개발해 「네이처 커뮤니케이션즈」에 발표했다.

물을 분해해 얻은 수소이온을 이산화탄소와 반응시키면 다양한 탄소화합물을 만들어 낼 수 있다. 수소이온(H^+)을 이용해 이산화탄소(CO_2)를 일산화탄소(CO)로 만든 뒤, 여러 가지 화학 반응을 일으키는 방식이다. 한국화학연구원 백진욱 박사팀은 이산화탄소로부터 자동차 연료인 메탄올, 개미산으로 알려진 포름산을 생산해 냈다. 포름산은 살충제, 세척제, 향료, 고무제품 등을 만드는 데 필요한 물질이다. 영국 글래스고대 연구진은 태양에너지를 액체 연료로 바꿀 수 있는 인공나뭇잎을 만들기도 했다.

한국인공광합성연구센터 윤경병 센터장(서강대 화학과 교수)에 따르면, 나뭇잎처럼 물, 이산화탄소, 태양에너지를 흡수해 연료를 만드는 인공나뭇잎을 상용화하는 데 30년 정도 걸릴 것이라고 한다. 윤 센터장은 복잡

지구 온난화, 어떻게 해결할까?

한 인공나뭇잎 대신 마법의 분자 촉매(예를 들어 반도체 나노입자)를 개발한다면, 이 분자 촉매가 들어 있는 연못에 이산화탄소를 넣어주기만 해도 연료로 바뀔 것이라고 설명했다.

한편 일부 과학자들은 식물의 유전자를 조작해 지구 온난화를 막으려고 시도하고 있다. 2016년 미국 일리노이주립대 연구진은 식물인 담배의 유전자를 조작해 이산화탄소 흡수율을 11%, 광합성 효율을 14% 높이기도 했다. 또한 척박한 환경에서도 살아남을 수 있는 유전자 조작 식물을 만들어 지구 온난화에 대응하려는 연구도 진행되고 있다. 2016년 한국생명공학연구원 곽상수 박사팀은 소금기가 높은 해안가나 간척지, 사막에서도 잘 자라는 유전자 조작 포플러를 개발했다. 2015년부터 일본 농림수산성은 지구 온난화의 대책 중 하나로 더위, 물 부족 등에 강한 농작물의 개발에 나서기도 했다.

'지구공학'을 동원한다

공학 기술을 활용해 지구 온난화를 막으려는 시도도 있다. 이것이 바로 '지구공학'이다. 한편에서는 '신에 대한 도전'이라는 비난을 받기도 하지만, 이는 과학기술을 이용해 기후 변화를 적극적으로 해결하려는 노력이다. 지구공학을 동원한 방법은 크게 두 가지 유형으로 나눌 수 있다. 즉 지구로 들어오는 태양빛을 반사해 그 양을 줄임으로써 온도를 낮

미국 하버드대 연구진은 고(高)고도 풍선 전문기업인 '월드 뷰 엔터프라이즈'와 함께 성층권에 미세입자를 뿌려 태양빛을 반사시키는 검증 실험을 계획하기도 했다. 사진은 실험에 사용될 예정이었던 고고도 풍선. ⓒNASA

추려는 유형과, 온실가스인 이산화탄소를 제거해 온난화를 막으려는 유형이 그것이다. 먼저 태양빛을 반사시키고자 하는 연구는 대기 중에 미세입자 뿌리기, 인공 구름 만들기, 우주 공간에 대형 거울 설치하기, 바다 표면에 미세 기포 만들기 등 다양한 방법을 통해 이뤄지고 있다.

　　미국 하버드대 연구진은 소규모 지구공학 검증 실험을 계획하기도 했다. 소량(0.1~1kg)의 방해석(탄산칼슘) 미세입자를 고도 20km 상공의 대기(성층권)에 살포해 반지름 1km의 반사층을 형성한 뒤 미세입자와 대기 물질 간의 상호작용, 태양빛의 감소량과 온도 변화 등을 연구하는 방식이다. 이 실험의 아이디어는 1991년 피나투보 화산의 폭발로 인해 2, 3년간 냉각 효과가 지속됐던 것에서 착안했다. 화산 폭발 당시에 방출된

지구 온난화, 어떻게 해결할까?

수천만 톤의 이산화황이 성층권에 황산염 입자층을 형성해 지표에 도달하는 일사량이 30% 감소했기 때문이다. 2021년 스웨덴에서 시도하려던 이 실험은 위험성을 우려한 현지 주민의 반대에 부딪혀 진행이 무산됐다.

2016년 영국 리즈대 기후대기과학연구소 연구진은 선박이 항해할 때 만드는 기포로 지구 온도를 낮추는 컴퓨터 시뮬레이션 결과를 국제 학술지 「지구물리학 연구저널: 대기」에 발표했다. 이들은 계면활성제로 이 기포의 지속 시간을 10분에서 10일로 연장하고 기포의 밝기도 10배 높일 때 2069년까지 평균 온도를 0.5℃ 떨어뜨릴 수 있다는 결과를 얻었다.

지구공학에는 이산화탄소를 제거해 온난화를 막으려는 유형도 있다. 이산화탄소를 포집해 액체 상태로 땅속에 저장하는 기술(CCS)이 이런 방법에 해당한다. 고농도 수산화나트륨 용액과 티탄산염으로 주변 공기에서 직접 이산화탄소를 흡수하는 기술, 바다에 철을 뿌리거나 대형 펌프로 영양분이 풍부한 심층수를 끌어올려 광합성을 하는 식물 플랑크톤의 증식을 돕는 방법 등도 여기에 속한다. 식물 플랑크톤은 이산화탄소를 흡수해 유기물을 만들어 저장한다.

신재생에너지를 위한 노력

지구 온난화를 막기 위한 근본적인 대책은 온실가스를 배출하는 화석 연료를 사용하지 않는 것이다. 그렇다고 화석 연료 대신 태양열, 풍력 등 신재생에너지를 이용하기 위한 노력이 없었던 것은 아니다. 최근 신재생에너지는 일부의 발전 단가가 경제성을 확보하면서 발전 비중이 꾸준히 증가하고 있다.

오바마 vs 트럼프

'청정에너지의 거스를 수 없는 기세The irreversible momentum of clean energy'. 미국의 44대 대통령 버락 오바마가 퇴임을 앞둔 2017년 1월 13일 과학 학술지 「사이언스」에 기고한 글의 제목이다. 미국 대통령이 과학 학술지에 기고하는 것이 이례적이기도 했지만, 미국의 기후 변화 대응 에너지 정책과 관련해 후임 대통령인 도널드 트럼프에게 던지는 메시지가 담겨 있었다. 오바마 대통령은 기고문에서 "미국의 에너지 정책 방향에 대해 논쟁이 있지만 이미 방대한 분량의 과학적, 경제적 근거가 청정에너지를 향하고 있으며, 그동안 추진해온 청정에너지 정책은 거스를 수 없는 세계적 흐름"이라고 강조했다.

트럼프 대통령은 선거 기간 동안 파리 협정에서 탈퇴하고 원자력 발전과 화석 연료 사용을 확대하겠다고 줄곧 밝혀 왔다. 또 그는 기후 변화는 미국의 성장을 방해하려는 중국의 사기극이라며 기후 변화 현상 자체를 부정해 왔다. 일부에서는 트럼프 대통령을 기후 변화 대응의 또 다른 위험 요소로 꼽기도 했다.

버락 오바마 당시 미국 대통령이 프랑스 파리에서 열린 제21차 유엔기후변화협약 당사국총회COP21에서 연설하고 있다.
ⒸFrederic Legrand−COMEO

하지만 파리 협정을 주도한 오바마 대통령은 「사이언스」 기고문에서 "이산화탄소 배출량을 줄이지 않으면 2100년 지구의 평균 기온이 현재보다 4℃가량 더 높아질 것이며, 지구 온난화에 따른 경제적 손실은 세계 GDP의 1%에서 5%까지 늘어날 것"이라고 언급했다. 그는 또 지구상의 어

도널드 트럼프 대통령이 유세장에서 연설하면서 손가락질을 하고 있다.
ⒸEvan El-Amin

떤 나라도 기후 변화를 피할 수 없다고 덧붙였다.

오바마 대통령은 "기후 변화 대응이 경제 성장을 막는다는 논리는

지구 온난화를 막기 위한 방법

근거 없는 주장일 뿐"이라며, "이미 미국은 2015년 이산화탄소 배출량을 2008년에 비해 9.5% 감축하면서도 10% 이상의 경제성장 효과를 거둔 경험이 있다"고 밝혔다. 그는 또 "청정에너지 기술이 민간 기업의 성장에도 긍정적으로 기여하고 있다"며 2017년부터 전력 생산에 100% 재생에너지를 활용할 계획인 구글을 예로 들었다. 그리고 오바마 대통령은 미국의 기후 정책이 오히려 일자리를 창출하는 원동력이 됐다며 구체적인 수치를 제시했다. 첨단 에너지 분야에서 미국인 220만 명이 새로 고용된 반면, 화석 연료 관련 분야의 고용 인력은 이의 절반인 110만 명에 불과하다는 것이다.

그럼에도 2017년 6월 1일 트럼프 대통령은 미국에 불이익을 준다며 미국의 파리 협정 탈퇴를 공식적으로 발표했다. 이에 대해 유럽연합[EU], 중국 등은 트럼프 대통령이 큰 실수를 한 것이라고 비판했다. 미국 내에서도 민주당 소속 주지사와 시장, 대학과 기업을 중심으로 정부 결정과 관계없이 파리 협정을 준수하겠다는 움직임이 나타나고 있다. 다만 러시아의 푸틴 대통령이 트럼프 대통령의 편을 들었고 호주의 일부 위원들도 호주 정부에 협정 재검토를 요구하기도 했다. 하지만 다행히도 친환경 정책을 강조했던 조 바이든 대통령이 2021년 1월 취임과 동시에 파리협정 복귀를 선언했으며, 환경보호 대책이 후퇴한 트럼프 정권의 정책을 모두 수정하도록 했다. 바이든 대통령은 2050년까지 이산화탄소 배출량을 실제 0으로 만드는 목표를 제시하기도 했다.

⁝ 신재생에너지 = 신에너지 + 재생에너지

인간이 배출한 온실가스 중 87%가 화석 연료에 의한 것이라고 한다. 국제에너지기구[IEA]에 따르면, 화석 연료에 의한 이산화탄소 배출 중에서 가장 많은 41%를 차지하는 것이 바로 에너지 생산이다. 또한 전체 에너지 수요에서 화석 연료가 감당하는 비중은 무려 86%에 달하며, 화석 연료는 고갈 시점에 대한 의견이 학자마다 다르지만, 무한히 사용할 수 없고 언젠가 바닥나고 말 것이다. 이에 따라 전 세계가 고갈되지 않는 친환경 에너지인 '신재생에너지'에 주목하고 있다.

신재생에너지는 신에너지와 재생에너지를 합쳐서 이르는 말이다. 우리 정부에서 1987년 제정한 '대체에너지 개발·이용·보급 촉진법'에 각각 정의돼 있다. 신에너지는 기존에 쓰이던 석탄, 석유, 천연가스, 원자력이 아닌 새로운 에너지를 뜻한다. 즉 화석 연료를 변환해 이용하거나 수소, 산소 등의 화학 반응을 통해 얻은 열이나 전기를 이용하는 에너지를 말하는데, 수소에너지, 연료 전지, 석탄을 액화하거나 가스화한 에너지 등이 이에 속한다. 그리고 재생에너지는 화석 연료나 우라늄과 달리 고갈되지 않아 지속적으로 이용할 수 있는 에너지를 의미한다. 태양열·태양광 발전, 풍력, 바이오매스, 소(小)수력, 지열, 해양에너지, 폐기물에너지 등이 여기에 포함된다.

태양에너지를 이용한 발전에는 태양열 발전과 태양광 발전이 있는데, 이 둘은 어떻게 다를까. 태양열 발전은 집열판에 모은 태양열로 물을 끓이고 이때 생긴 증기를 이용해 터빈을 돌려 전기를 생산하는 것이다. 반면에 태양광 발전은 실리콘 같은 반도체로 만든 태양전지판을 이용해 태양광을 직접 전기로 변환하는 방식이다. 또 바이오매스는 에너지로 사용할 수 있는 모든 생물체를 뜻하고, 풍력발전은 바람을 이용해 전기를 만들어내는 것이며, 소수력발전은 수력발전을 소형화한 방식을 말한다. 지열 발전은 땅속의 고온층으로부터 나온 증기나 뜨거운 물로 전기를 생산하는 것이고, 해양에너지는 파도에 의한 파력 에너지, 밀물과 썰물을 이용하는 조력 에너지, 좁은 해협에 흐르는 조류에 의한 에너지, 해양 온도차 에너지가 있으며, 폐기물에너지는 에너지 함량이 높은 폐기물을 가공·처리해 생산한 연료, 폐열 등을 말한다.

재생에너지는 무공해에 재생이 가능하다는 장점이 있는 반면, 효율성이나 경제성이 떨어진다는 단점이 있다. 화석 연료에 비해 비교적 지구상에 고르게 분포하지만, 에너지 밀도가 너무 낮아 많은 양의 에너지가 필요한 곳에서는 실용성이 떨어진다. 발전소를 건설할 때 자연환경의 영향을 많이 받으며, 풍력이나 태양열은 기후에 영향을 받아 보조 발전시설이 필요하다. 개발 초기에 많은 비용이 투자돼 경제성이 낮은 편이다. 그럼에도 불구하고 세계 각국에서는 화석 연료와 원자력을 대체할수 있으며, 환경과 인체에 해를 끼치지 않으면서 오랫동안 대량으로 이용할 수 있는 재생에너지를 개발하기 위해 온갖 노력을 기울이고 있다.

⁞ 전 세계 신재생에너지 현황

　재생에너지는 특히 발전 부문에서 눈에 띄는 역할을 하고 있다. 국제 재생에너지정책네트워크[REN21]의 '2023 세계 재생에너지 현황 보고서'에 따르면, 전 세계적으로 재생에너지 발전 용량이 증가하고 있으며 많은 국가에서 재생에너지가 경쟁력을 갖춘 주류 에너지원으로 확고한 자리를 잡았음을 알 수 있다.

　2022년 현재 재생에너지는 세계 전력 생산의 30%(29.9%)에 이르렀다. 이는 2012년(21.3%)에 비해 9% 정도 증가한 수치다. 2022년 세계 재생에너지 발전 용량은 수력을 포함하면 총 3481GW를 기록했으며, 2021년보다 348GW가 추가됐다. 신규 재생에너지 발전 용량 중 92%는 태양광[PV]과 풍력이 차지하며 쌍두마차 역할을 했는데, 태양광이 70%, 풍력이 22%를 각각 차지했다. 특히 태양광은 2022년 추가 설치 용량이 37% 늘어나면서 또다시 기록적인 성장세를 나타냈다. 다만 풍력은 허가 지연, 공급망 중단, 자재 및 배송 비용 상승 때문에 2021년에 비해 17% 줄어들었다. 이를 종합하면 2022년 신규 재생에너지 발전 용량은 2021년(304GW)에 비해 13% 증가했다.

　또 2022년 재생에너지 발전 용량 전체에서 차지하는 비중은 수력, 태양광, 풍력, 바이오에너지 순으로 나타났다. 풍력은 1990년대 중반부터 지속해서 늘고 있으며, 태양광은 2000년대 중반부터 보급 속도가 빨라졌다. 2010년까지는 유럽과 북미가 세계 재생에너지 보급에 앞장섰으며, 특히 독일과 미국이 시장을 주도했지만, 2010년을 전후해서 중국이 본격적으로 재생에너지 확대에 나서자 판도가 바뀌었다. 2022년 현재 재생에너지 발전설비 총 용량에서 중국이 세계 1위에 올라섰고, 그 뒤로는 미국, 브라질, 인도, 독일 순으로 나타났다.

중국은 재생에너지 보급의 44%를 차지했으며, 재생에너지에 대한 총 투자의 55%를 차지했다. 재생에너지 투자의 경우 유럽이 11%, 미국이 10%에 달했고, 아프리카와 중동은 지역별 점유율이 1.6%로 가장 낮았다. 특히 태양광 발전PV의 경우 10년 연속으로 아시아가 우위를 점해왔는데, 그중 태양광 제조는 전체 공급망에서 80% 이상이 중국에 집중돼 있다.

보고서에 따르면, 에너지 가격 상승과 다양한 기후위기 대응 정책이 재생에너지 수요에 직접적인 영향을 미쳤다. 건물, 산업, 수송 및 농업 부문의 경우 재생에너지 수요는 증가 추세를 나타냈다. 재생에너지 공급과 사용, 현지 생산을 더욱 가속화하기 위해 핵심 정책 패키지가 등장했다. 2022년 재생에너지 수요를 높인 주요 정책 패키지는 미국의 인플레이션 감축법IRA, 유럽위원회의REPowerEU, 그리고 중공업과 수송 부문을 대상으로 하는 인도의 포괄적인 재생에너지 기반 수소 계획을 예로 들 수 있다. 특히 IRA는 5,000억 달러 규모의 에너지 수요 부문 계획(신규 예산 투입, 세액 공제 및 세제 혜택)을 포함하고 있다.

글로벌 에너지 위기가 찾아오자 각 에너지 수요 부문에 따라 다양한 대응과 정책이 등장했다. 먼저 건물 부문에서는 에너지 비용이 상승하자 천연가스 보일러에서 전기 히트펌프로 전환했는데, 2022년 히트펌프 설치는 전년에 비해 10% 증가했다. 화석연료 가격이 오르자 옥상에 설치하는 태양광 패널의 경제적 이점도 더 부각됐다. 2022년 유럽, 인도 중국이 겪었던 잦은 폭염과 고온의 날씨에 냉방에 필요한 전력 수요가 늘어난 것도 주목받는 이유가 됐다. 농업 부문에서도 에너지 자립과 지열 및 바이오 에너지원의 사용과 함께 전기화 방법이 떠오르고 있다. 특히 아프리카, 아시아, 카리브해 지역의 농업종사자들이 에너지 접근, 연료 비용 절감, 에너지 효율성 우선시에 따라 분산형 재생에너지를 농업 부문에 활용하기도 했다. 주로 식품 생산 및 냉장 보관을 목적으로 재생에너지와 최신 기술을 활용했다. 다만 수송 부문은 에너지 소비가 빠르게 증가하는 부문임에도 불구하고 전체 재생에너지 사용량이 4%로 가장 낮다.

재생에너지 비중이 크게 증가하는 가장 큰 이유는 재생에너지 기술의 경제성이 높아지고 있기 때문이다. 국제재생에너지기구IRENA 에 따르면, 풍력발전의 기술은 이미 기존 발전과 경쟁할 수 있는 수준에 도달했으며, 태양광 시스템 가격은 2009년 코펜하겐 회의 이후 계속 하락하고 있다. IRENA가 발표한 재생에너지원별 균등화 발전비용LCOE, 즉 발전원별 단가를 구체적으로 살펴보면, 태양광은 2010년 0.417달러/kWh에서 2021년 0.048달러/kWh로 88% 떨어

지구 온난화를 막기 위한 방법

졌고, 육상풍력은 2010년 0.102달러/kWh에서 2021년 0.033달러/kWh로 68% 하락했으며, 해상풍력은 2010년 0.188달러/kWh에서 2021년 0.075달러/kWh로 60% 하락했다. 시간이 지날수록 재생에너지 가격은 저렴해질 전망이다.

사실 에너지원별 경제성을 따질 때 LCOE를 분석하는 방식은 조사기관마다 다르고, LCOE는 국가마다 다르다. 우리나라는 재생에너지보다 원자력 발전의 LCOE가 더 저렴한 반면, 미국은 원자력 발전보다 재생에너지의 LCOE가 더 저렴한 것으로 나타났다. 국제에너지기구[IEA]가 2020년에 공개한 주요 발전원별 LCOE의 2025년 전망치를 살펴보면, 우리나라는 원자력 발전이 0.0533달러/kWh로 가장 저렴했고 이어 석탄 0.0754달러/kWh, 태양광(상업용) 0.0981달러/kWh, 육상풍력 0.1402달러/kWh, 해상풍력 0.161달러/kWh로 조사됐다. 우리나라에선 재생에너지의 LCOE가 전통 에너지원보다 여전히 높으며, 특히 태양광과 풍력은 원자력 발전의 2~3배 수준임을 알 수 있다. 반면 미국은 육상풍력이 0.0383달러/kWh로 가장 저렴했으며, 유틸리티용 태양광 0.0431달러/kWh, 해상풍력 0.0646달러/kWh, 원자력 발전 0.0713달러/kWh, 석탄 0.0881달러/kWh로 나타났다. 미국에선 원자력 발전과 석탄의 LCOE가 재생에너지보다 비싸다는 점을 확인할 수 있으며, 특히 미국은 신재생에너지와 화력발전의 LCOE가 같아지는 시점인

'그리드 패리티grid parity'에 이미 도달한 것으로 보인다.

　2022년 12월에는 2025년 재생에너지가 최대 발전원이 될 것이라는 내용의 국제에너지기구IEA 재생에너지 연례 보고서Renewables 2022가 나왔다. IEA는 앞으로 5년간 재생에너지가 전 세계 전력 확대의 90% 이상을 차지하고 2025년 초엔 재생에너지가 석탄을 제치고 세계 최대 전력 공급원이 될 것이라고 예상했다. IEA 보고서에 따르면 2027년 석탄, 천연가스, 원자력 발전량이 줄어드는 동시에 재생에너지가 전력 생산량의 40%를 차지한다. 특히 태양광 발전 용량이 2027년까지 약 3배 이상 늘어 세계 최대 전력 공급원이 될 것이며 풍력 발전은 약 2배 가까이 증가할 것으로 전망됐다.

　세계 주요국은 2050년 탄소중립 실현을 선언했다. 탄소중립은 인간

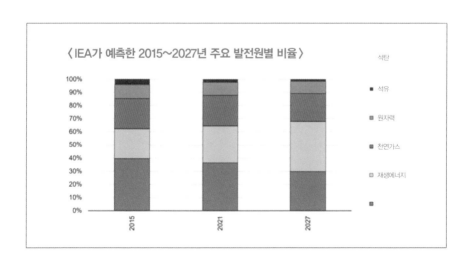

〈IEA가 예측한 2015~2027년 주요 발전원별 비율〉

의 활동에 의한 온실가스 배출을 최대한 줄이고 남은 온실가스는 흡수하거나 제거해서 실질적인 배출량이 0이 되게 하는 개념이다. 2020년 유럽연합[EU], 미국, 중국, 일본, 우리나라가 탄소중립을 선언했다. EU는 그해 3월 장기기후전략으로 2050년 탄소중립을 선언했으며, 미국은 7월 바이든 대통령 후보가 공약으로 2050년 탄소중립을 제시했다. 그해 9월 중국은 유엔[UN]총회에서 2060년 탄소중립을 선언했고, 일본은 10월 내각총리가 국회연설에서 2050년 탄소중립을 발표했다. 우리나라는 그해 12월 장기저탄소발전전략을 발표하면서 2050년 탄소중립을 선언했다. 2021년 11월 기준으로 140개국 이상의 국가가 2050년 탄소중립 실현을 선언했거나 UN에 2030년 온실가스 감축목표인 NDC를 제출했다. 많은 나라가 탄소중립 선언 이후 후속조치를 계속 발표하고 있다.

　전 세계 많은 기업도 사용 전력을 100% 재생에너지로 활용하겠다고 자발적으로 나서고 있다. 이렇게 선언하는 글로벌 캠페인을 '재생에너지 전기Renewable Electricity 100%'를 의미하는 'RE100'이라고 부른다. RE100은 2014년 국제 비영리단체인 글라이미트 그룹과 탄소정보 공개 프로젝트[CDP]의 주도로 개최된 '뉴욕 기후주간'에서 처음 시작됐는데, 발족 당시 이케아를 비롯한 13개 기업이 참여했다. 이후 글로벌 기업 구글, 애플 등이 동참하면서 2022년 기준으로 가입 기업이 총 300개 이상으로 늘었다. 우리나라는 2020년 SK그룹의 6개 자회사를 비롯해 현대자동차, KT, 아모레퍼시픽, 네이버 등이 가입했다. RE100은 구체적으로

2050년까지 기업에서 사용하는 전략량의 100%를 재생에너지 전기로 대체하는 것이 목표다. 기업들은 RE100을 달성하고자 태양광 발전시설 같은 설비로 직접 재생에너지를 생산하거나 재생에너지 발전소에서 전기를 구입해 공급할 수 있다.

⁑ 우리나라, 2036년 신재생에너지 발전 비중 30% 이상으로

우리나라는 신재생에너지의 보급을 장려하기 위해 발전차액지원제도[FIT], 신재생에너지의무할당제[RPS] 등의 정책을 시행해 왔다. 2001년 도입된 발전차액지원제도는 신재생에너지 발전으로 생산한 전기의 전력거래 가격이 산업통상자원부 장관이 고시한 기준 가격보다 낮은 경우 그 차액을 지원하는 제도를 말하며, 2012년에 도입된 신재생에너지 의무할당제는 발전 설비 용량이 50만kW 이상인 발전 사업자에게 매년 일정 비율 이상의 발전량을 신재생에너지로 공급하도록 의무화한 제도이다.

그럼에도 불구하고 한국에너지공단 신·재생에너지센터 '신재생에너지보급통계' 자료에 따르면, 국내 신재생에너지 발전 비중은 전체의 10%를 넘지 못하고 있다. 2018년 9.03%로 높아졌다가 2021년 8.29%를 기록했다. 사실 주요국의 신재생에너지 발전 비중에 비하면 우리나라의 수치는 매우 낮다. 2020년 기준으로 국제에너지기구[IEA]가 집계한 국가별 신재생에너지 발전 비중(양수발전 제외)을 비교하면, 우리나라는 5.8%

에 불과하지만, 일본 19%, 미국 19.7%, 스웨덴 67.5%, 캐나다 67.9%, 덴마크 81.6%, 노르웨이 98.6%로 상당히 높다.

주요국의 신재생에너지 발전 비중 목표는 상당히 높다. 유럽연합[EU]은 2022년 제정한 리파워EU[REPowerEU] 정책을 통해 2030년까지 재생에너지 발전 비중 목표치를 69%로 제시했다. 리파워EU 정책은 2030년까지 러시아에 대한 에너지 의존에서 벗어나는 것을 목표로 삼고 에너지 공급 다변화와 재생에너지로의 전환을 가속화하는 계획이다. 미국은 2022년 신재생에너지 발전량이 사상 처음으로 석탄을 앞질렀으며, 미국에너지정보청[EIA]에 따르면, 그해 태양광, 풍력, 수력, 바이오매스, 지열 등 신재생에너지 전력 생산 비중이 21%를 기록했다. 또 EIA는 미국의 재생에너지 발전 비중이 2020년 21%에서 2050년 42%로 증가할 것이라고 예상한 바 있다. 일본은 2021년 제6차 에너지기본계획을 발표하면서 전체 전력 생산 중 신재생에너지 비율을 2020년 19.8%에서 2030년 36~38%까지 확대하는 목표를 제시했다.

우리나라도 신재생에너지 발전 비중을 꾸준히 높여 왔다. 정부가 2016년 11월 '신재생에너지 보급 활성화 대책'을 발표하며 신재생에너지 발전 비중 목표 13.4%를 2025년에 달성하겠다는 의지를 표명했다. 2017년 5월에 출범한 문재인 정부는 신재생에너지 발전 비율을 2030년까지 20%로 높이겠다는 목표를 내걸었다. 2021년 '2030년 국가온실가스 감축 목표[NDC]' 상향안을 발표하면서는 2030년 신재생에너지 발전 비중을 30.2%로 대폭 높여 제시했다.

하지만 2013년 1월에 발표된 제10차 전력수급기본계획에서 정부는 이전에 비해 다소 후퇴한 계획을 발표했다. 즉 신재생에너지 발전 비중 목표를 2030년 21.6%로 잡고 2036년까지 30.6%를 달성하겠다고 밝혔기 때문이다. 신재생에너지 발전 비중을 줄인 대신 원자력 발전 비율을 높인 점이 특징이다. 제10차 전력수급기본계획에서 2030년 주요 발전원별 발전량 비중은 원전 32.4%, 석탄 19.7%, 액화천연가스^{LNG} 22.9%, 신재생에너지 21.6% 등이다. 2021년 발표한 2030년 NDC의 발전량 비중과 비교하면 신재생에너지 비중은 30.2%에서 8.6%포인트 낮아지고 원자력 발전 비중은 23.9%에서 8.5%포인트 높아졌다.

특히 원자력 발전이 친환경 발전인지를 두고는 국내뿐만 아니라 해외에서도 논란이다. 2022년 7월 유럽연합^{EU}은 원자력 발전을 그린 택소노미(녹색 분류체계)에 포함시키기로 결정하기도 했다. 원자력 발전은 화석연료를 연소시키는 발전보다 탄소 배출량이 적은 발전 방식이긴 하지만, 본질적으로 기후변화 대응 기술인지는 확실치 않다. 원자력 발전의 경우 발전소 건설 준비부터 폐기까지 전 과정의 온실가스 배출량은 태양광 발전, 풍력 발전보다 더 많기 때문이다. EU 집행위 역시 원자력 발전이 과도기적 역할을 할 것이라고 밝혔다. 현재는 신재생에너지가 화석 연료를 대체할 수 없으니, 신재생에너지가 주 에너지원이 되는 미래로 전환하는 가운데, 원자력 발전이 나머지 전력을 보전해줄 것이라는 뜻이다. 물론 온실가스, 미세먼지 등을 줄이는 동시에 원전의 사고 위험성과 추후 해체 부담에서 벗어나려면 궁극적으로 원자력 발전보다 신재생에너지를 개발하고 관련 산업을 성장시켜야 한다.

현재 국내 전력망은 태양광, 풍력 같은 신재생에너지의 비율이 10%만 넘어도 날씨 등의 영향을 받아 안정적으로 운영하는 데 제약이 있다. 이 때문에 신재생에너지의 비율을 확대하려면, 불규칙적으로 생산되는 신재생에너지를 효율적으로 이용할 수 있도록 돕는 에너지저장장치[ESS] 등을 도입해 차세대 전력망 인프라를 구축해야 한다. 또한 아직 상대적으로 값싼 원자력발전과 석탄화력발전을 포기하고 신재생에너지 발전에 치중한다면 신재생에너지 발전의 경제성을 확보할 때까지 전기요금이 지금보다 높아질 수 있으니, 국민이 어느 정도 감수해야 한다. 물론 신재생에너지 지지자들은 전기요금이 높아지더라도 국민이 감당할 만한 수준일 것이라고 주장한다.

머지않은 미래에는 가정에서도 신재생에너지에 관심을 갖고 이를 적극 도입하게 될 것이다. 가정에 태양광 패널, 태양열 집열판, 풍력발전설비, 연료 전지, 에너지저장장치 등을 설치하고 집집마다 전기자동차나 수소연료전지자동차를 보유하게 될 것이다. 에너지저장장치나 전기자동차를 활용하면, 값쌀 때 전기를 저장했다가 비쌀 때 사용할 수도 있을 것이다.

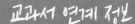

지구 온난화를 포함한 환경 문제를 해결하기 위한 노력은 초등학교 6학년 사회 교과서 '환경과 조화를 이루는 국토' 단원에 소개된다. 특히 친환경적인 태도를 지니고 실천하기, 지속 가능한 발전을 위한 태도 기르기 등이 강조된다.

중학교 사회② 교과서의 '환경 문제와 지속 가능한 환경' 단원에서는 지구 온난화를 막기 위해 우리가 해야 할 일을 강조하고 있다. 예를 들어 개인 컵이나 장바구니 사용하기, 자전거 또는 대중교통 이용하기, 고기 덜 먹기, 나무 키우기, 녹색 에너지에 관심 갖기 등을 언급하고 있다.

고등학교 융합과학 교과서의 경우 '에너지와 환경' 단원에서 화석 연료와 재생에너지를 비교해 설명한다. 특히 태양, 풍력, 조력, 파력, 지열, 바이오 등 재생에너지, 수소 같은 새로운 에너지 자원에 대해 소개하며 에너지 자원의 활용을 지속 가능한 발전의 관점에서 접근하고, 태양 전지, 연료 전지, 하이브리드 기술의 기본 원리와 환경적 관점에서의 필요성을 제시한다.

공유지의 비극에서
배워야 하는 것

지구 온난화를 막고 지구를 지키기 위해 온실가스 배출량을 감축해야 한다는 문제는 경제학 교과서에서 접하는 개념인 '공유지의 비극'과 깊은 관련이 있다. 미국 생물학자 개릿 하딘 Garrett Hardin이 1968년 국제 학술지 「사이언스」에 '공유지의 비극'에 대한 논문을 발표했다. 어느 마을에 누구나 이용할 수 있는 목초지(공유지)가 있는데, 소를 키우는 목동들이 이 목초지에 서로 경쟁적으로 많은 소를 풀어놓으면 어떻게 될까. 결국 공유지인 목초지가 사라지고 목동들도 파멸하는 비극에 이르게 된다. 무턱대고 욕심을 부리다 보면 함께 망한다는 뜻이다.

그동안 세계 각국이 지구라는 공유지에서 이산화탄소를 배출하며 산업 활동을 해 왔다. 각국 입장에서는 조금이라도 더 활발히 산업 활동을 하는 것, 즉 더 많은 이산화탄소를 배출하는 것이 경제적으로는 합리적 선택이지만, 문제는 이들의 행위가 결집될 때 발생한다. 지구라는 공유지 전체가 파괴되고, 그 공유지에 사는 인류가 멸망하게 될지도 모른다.

공유지의 희귀한 공유 자원은 공동으로 어떤 강제적 규칙을 두지 않는다면 많은 이들의 무임승차 때문에 결국 파괴된다. 공유지의 비극을 막으려면 구성원들 사이에서 '상호 합의에 따른 상호 강제'가 필요하다. 세계 각국이 어려운 과정을 통해 합의에 도달한 파리기후협정이 좋은 예다. 그런데 미국 같은 주요국의 지도자가 이런 합의를 일방적으로 깨뜨린다는 것은 그것 자체로 비극이다. 이제 다시 세계 각국이 지구란 우리 모두가 살아남기 위해 지켜야 하는 소중한 공유지임을 깨달아야 한다.

물론 공유지의 비극을 막기 위해서는 국가 차원뿐만 아니라 개인이나 기업 차원에서도 '강제적으로' 노력해야 한다. 프랑스 파리가 자랑했던 공용 자전거와 공용 전기차가 퇴출 위기에 몰린 이유도 주인 없는 공유자원을 함부로 쓰는 사람들의 이기적 행태로 인해 운영사의 적자가 눈덩이처럼 불어났기 때문이다. 당장 눈앞의 이익만 쫓아가지 말고, 지구란 하나뿐인 공유지를 지키기 위해 어떻게 해야 할지를 깊이 있게 고민해야 할 때다. 더 나아가 고민에만 그치는 것이 아니라 고민의 결과로 결심한 바를 구체적으로 실천해야 한다. 자가용 대신 대중교통을 이용하거나 일회용 컵을 사용하지 않는 식의 조그마한 것 하나라도.

1 지구 온난화는 자연적 흐름이 아니라 인간 활동에 의한 것이라고 한다. 지구 온난화와 인류세에 대해 논의해 보자.

기후 변화 정부 간 협의체IPCC 5차 보고서에 따르면, 지구 온난화가 화석 연료 사용과 같은 인간 활동에 의한 것일 가능성이 95% 이상이라고 한다. 현재 인류가 초래하고 있는 지구 온난화의 속도는 지구 역사상 어느 때 나타난 온난화 못지 않게 빠르다. 마지막 빙하기에서 빙하가 녹아 현재의 지구 모습을 갖출 때까지 6000~8000년 동안 평균 기온이 5℃ 정도 상승한 반면(100년에 0.06~0.08℃ 정도씩 상승한 셈), 최근 133년 동안 지구 평균 기온은 0.85℃나 높아졌다. 현재의 온난화 속도가 10배 정도나 빠른 셈이다. 이런 맥락에서 현재 인류가 사는 이 시대를 지질학적으로 '인류세Anthropocene'라고 부르자는 의견이 설득력을 얻고 있다. 인류가 지구 전체와 생태계에 미치는 영향이 엄청나게 크기 때문이다.

2 온난화라고 하면, 지구가 점점 더 뜨거워지는 현상만 생각하기 쉽다. 역대급 폭염뿐만 아니라 기록적 한파도 지구 온난화의 결과라고 한다. 왜 그런지 설명해 보자.

지구 온난화로 인해 지구 평균 기온은 높아졌지만, 폭염은 물론 한파도 빈번하게 발생한다. 기상 이변이 많아진 셈이다. 특히 겨울철 한파는 '따뜻한 북극, 차가운 대륙'이란 말로 설명할 수 있다. 다시 말해 온난화로 인해 제트 기류가 약해지면 북극의 차가운 공기가 남쪽(중위도)으로 쏟아져 내려와 한파를 일으킨다. 평소에는 차가운 공기가 극지 제트 기류(극지방의 상공을 감싼 채 수평으로 부는 강한 공기 흐름)에 막혀 있어 극지방에 머문다.

3 인천 송도에서 열린 기후 변화 정부 간 협의체^{IPCC}에서 '지구 온난화 1.5℃ 특별 보고서'를 공개했다. 이 특별 보고서에 어떤 내용이 담겨 있는지 살펴보자.

2018년 10월 초 인천 송도에서 개최한 제48차 IPCC 총회에서 '지구 온난화 1.5℃ 특별 보고서'가 195개 회원국 만장일치로 승인됐다. IPCC는 그동안 모두 5차례 보고서를 작성했고, 이 특별 보고서는 2015년 파리기후협정이 채택될 당시 유엔기후변화협약^{UNFCCC} 당사국 총회가 IPCC에 작성을 요청한 것이다. 6000건이 넘는 과학 연구를 검토하고 논의한 끝에, 2100년까지 지구 평균 기온 상승 폭을 산업화 이전(1850~1900년)에 비해 1.5℃로 제한하기 위한 방안을 담고 있다. 이를 위해 2030년까지 이산화탄소 배출량을 2010년에 비해 45% 감축하고 2050년까지 순제로$^{net-zero}$ 배출을 달성해야 한다. 특히 2050년까지 1차 에너지 공급의 50~65%, 전력 생산의 70~85%를 태양광, 풍력 등 신재생에너지로 감당해야 한다. 그러면 기후 변화 위험을 크게 낮출 수 있을 것으로 예상된다.

4 일부에서는 단순히 이산화탄소의 배출을 줄이려는 노력만으로 지구 온난화 속도를 따라잡을 수 없다고 판단하는데, 이에 따라 지구공학이 주목받고 있다. 하지만 지구공학에도 문제가 있다는 우려의 목소리가 나온다. 어떤 문제가 있는지 알아보자.

지구공학 방법을 적용하다가 지구 온도만 낮아지는 것이 아니라 동식물을 포함한 생태 환경이 바뀔 수 있다. 예를 들어 인위적으로 햇빛의 양을 줄일 경우 지구의 물 순환체계가 교란돼 강우량이 감소하고 식물의 생장이 더뎌질 수 있다. 또한 바다에 철을 뿌려 식물 플랑크톤의 생장을 돕는 방법(해양 비옥화)은 부영양화(바다, 강, 호수 등에 영양물질이 증가해 조류algae가 급증하는 현상)를 일으킬 수 있으며 독성도 만들어낼 수 있다. 한편 지구공학으로 기온을 낮추면서 계속 온실가스를 배출하는 것은 도덕적으로 정당하지 못하다는 비판도 있다. 지구 온난화를 믿지 않는 트럼프 미국 대통령이 지구공학을 지지하는 이유도 화석 연료를 사용하며 산업 활동을 유지하는 쉬운 길로 갈 수 있기 때문이다.

5

국제 사회나 정부 차원에서 지구 온난화를 막기 위해 다양하게 노력하고 있다. 개인으로서 지구 온난화를 막기 위해 어떻게 해야 할지 정리해 보자.

영화배우 레오나르도 디카프리오는 앨 고어 미국 전 부통령을 만나 지구 온난화에 대한 이야기를 듣고 환경 운동을 시작했으며, 환경 영화 '비포 더 플러드Before the Flood'에도 출연해 지구 온난화의 현실을 고발했다. 그는 채식주의를 선언하기도 했다. 우리가 소고기 대신 닭고기를 먹거나 아예 채식만 하며 식습관을 바꿔도 온난화의 가속화를 막을 수 있다. 곡물을 먹는 소가 강력한 온실가스인 메탄을 배출해 닭보다 10배나 온난화에 악영향을 미치기 때문이다. 또한 일회용품 사용을 줄이거나 가까운 거리를 걸어 다니는 것도 온난화를 막는 방법이다. 일회용품을 만들거나 차량을 운행할 때 온실가스가 나오는 것을 미연에 방지할 수 있으니까. 걷는 게 힘들다면, 서울시의 따릉이, 수원시의 모바이크 같은 공유 자전거를 활용해도 좋다.